Shuwasystem Industry Trend Guide Book

図解入門
業界研究

最新 石油業界の
動向とカラクリが
よ〜くわかる本

業界人、就職、転職に役立つ情報満載

［第3版］

橋爪 吉博 著

秀和システム

はじめに

ここに『石油業界の動向とカラクリがよ～くわかる本』第3版を上梓します。筆者は、前回2020年5月刊行の第2版から執筆を担当しましたが、この3年弱の間に、カーボンニュートラルに向けた取り組みが本格化するとともに、コロナ禍、ウクライナ侵攻の発生など、石油業界を巡る動きは大きく変化しました。そのため、今般、増刷が必要とのこと、これを機に状況の変化を踏まえ、内容をアップデートするとともに、必要事項を補定するために、思い切って改版することとしました。

今回の第3版では、第1章で石油業界の脱炭素への対応を大幅に加筆、第3章でコロナ、第4章でウクライナ侵攻の影響、第10章で炭素価格とガソリン補助金の概要を追加しました。また、各節に、統計数字等データを更新しました。構成としては、第2版を踏襲し、第1章カーボンニュートラルと石油産業の対応、第2～5章総論、第6～9章石油産業のサプライチェーン、第10章石油製品、第11章法律と税金、の各論という形を維持しました。各節には、「ワンポイント・コラム」の欄を設け、参考情報を追記し、さらに、第2版の「はじめに」で述べたとおり、本書は初めての筆者の著作であり、38年間にわたる石油関連業務の集大成のつもりで書き上げました。僭越にも、第2版執筆をお引き受けした理由は、①内外石油事情と石油業界のしくみ、石油を巡る制度を一冊で一貫した視点から書かれた概説書がなかったこと、②在サウジ大使館出向中の湾岸危機の経験、石油連盟広報室長時代の東日本大震災の経験など踏まえ石油安定供給のあり方を再考したかったこと、③（個人的事情ながら）定年退職にあたり「申し送り書」ないし「卒業論文」を書いておきたかったことの3点でした。

今年2023年は、第一次石油危機から50年の節目になります。まさに、ウクライナ戦争、エネルギー危機の真っただ中にあります。世界中が、エネルギー安全保障・安定供給の重要性を再認識させられました。そして、エネルギー安全保障と気候変動対策の両立はますます難しくなっていくものと思われます。本書が石油業界を志す皆さん、関係者の皆様の参考となれば幸いです。

2023年1月　橋爪　吉博

3

How-nual
図解入門
業界研究

最新石油業界の動向とカラクリがよ～くわかる本【第3版】 ●目次

4

Data 資料編・索引

第 **1** 章

変わる石油業界

　地球温暖化対策が地球的課題となる中、わが国でも、2010年10月の2050年カーボンニュートラル宣言を契機に、一挙に脱炭素化の動きが本格化しました。

　そうした状況の中、エネルギー転換によって、石油需要の激減を免れないわが国の石油業界も、事業基盤の転換や革新的技術開発によって、生き残りを図っています。

　第1章では、カーボンニュートラルを概説するとともに、石油業界の対応、具体的取り組み等について、考えてみたいと思います。その前提でもある業界再編やわが国の経済に大きな影響を与える自動車の電動化(EV化)にも言及します。

カーボンニュートラルを目指す石油業界 1

地球温暖化対策のため、「カーボンニュートラル」（CO_2排出実質ゼロ）が世界的な課題となり、わが国でも実現に向けた対応が求められています。石油業界の取り組みを紹介します。

● カーボンニュートラルの意味

カーボンニュートラルとは、地球温暖化の原因である石油消費等によるCO_2など温室効果ガス（GHG）の排出量と森林等による吸収量を均衡させることであり、炭素中立、CO_2排出実質ゼロのことをいいます。石油等の消費によるCO_2排出が禁止されるわけではありませんが、その場合には、必ず同量の吸収が必要となります。2015年の**パリ協定**では、許容し難い温暖化の影響を回避するとの立場から、国際的コンセンサスとして、「世界の気温上昇を産業革命以前に比べて、2℃より十分低く保ち、さらに1・5℃に抑える努力をする」（第2条）と2℃目標、1・5℃努力目標が定められ、そのために、「21世後半にはGHG

の排出量と吸収量のバランスを取る」こと（第4条）が合意されています。その後、1・5℃努力目標達成を前提に、2019年12月に欧州連合（EU）が、2050年のカーボンニュートラル実現を宣言して以来、世界各国がこれに追随し、わが国でも、20年10月、菅首相（当時）が国会で内外に宣言、さらに21年5月の改正地球温暖化対策推進法で、「2050年の脱炭素社会の実現を目指す」と明記されました。

● 石油業界の取り組み

内外で、企業にも積極的な取り組みが求められる中、石油業界も業界として、個社として、早い段階から、自社の操業（スコープ1+2）に関するカーボンニュートラルの実現、自社製品の消費（スコープ3）を

含めた排出削減への貢献をコミットしています。20年5月、ENEOSは2040年の実現を発表、その後21年5月にかけて、出光興産、INPEX、コスモ石油、JAPEXなど大手石油会社も2050年の実現を宣言しています。各社とも徹底的な省エネの上、再エネの活用、CCUS（CO_2回収利用貯留）や水素に関する技術開発等を通じて、その実現を目指しています。

確かに、石油業界は脱炭素化で、石油需要激減のため、事業転換など大きな変革を求められていますが、石油業界の知見は、脱炭素実現に不可欠です。例えば、石油業界は、**メガソーラーやバイオ燃料など再生可能エネルギー**への取り組みは最も早いものでした。精製過程や流通段階で、水素の利用にも熟知しており、水素社会では、石油のサプライチェーンも活用可能です。また、吸収源となる**CCS（CO_2回収貯留）**も、世界的に石油業界が従来から推進してきたものです。さらに、化石燃料の代替として、**合成燃料（e-Fuel**など）の技術開発にも、石油各社は取り組んでいます。このように、カーボンニュートラル実現に、最も近い業界であるといえるでしょう。

カーボンニュートラルの考え方

【石油業界の取り組み】
省エネルギー・燃料転換
再生可能エネルギーの活用
（風力・太陽光・バイオ等）
EVスタンドの整備
水素インフラの整備　等

【石油業界の取り組み】
CCU（CO_2回収利用）技術
CCS（CO_2回収貯蔵）技術
森林吸収源の活用　等

温室効果ガス（CO_2等）の
排　出　量

温室効果ガス（CO_2等）の
吸　収　量

ワンポイントコラム

【石油消費とCO₂】　温室効果ガス（Green House Gases）とは、大気中の赤外線を吸収、地球温暖化の原因となる物質で、法律・条約上、二酸化炭素（CO2）、メタン（CH4）、一酸化二窒素（N2O）、フロン類4ガスが指定されており、国際的には75％、国内では90％がCO2。炭化水素化合物の石油は、その消費（燃焼）に伴い、必然的にCO2が発生します。

合成燃料（e-Fuel）の開発

2

現在、わが国の石油業界が最も注力している技術開発が合成燃料です。特に、クリーンかつ石油同様の取り扱いが可能なe-Fuel（イーフューエル）が期待されています。

● 合成燃料とは

合成燃料とは、炭素と水素を合成して製造した石油製品の代替燃料の総称をいい、現在の石油製品と同様の性状で、同様の取り扱いが可能となります。したがって、消費者や需要家にとっては、現在の石油製品使用機器がそのまま利用できるとともに、石油会社も現在のサプライチェーンがそのまま活用できるという長所があります。また、脱炭素化の中で、航空・船舶燃料や産業燃料など石油代替が難しい分野での代替になりますし、わが国の産業技術、産業競争力の根幹ともいえるエンジン技術の活用も可能となります。さらに、石油業界にとっては、CO₂排出を伴う既存の石油製品の供給に代わる新たな中核事業として

期待されています。

● e-Fuelとは

合成燃料のうち、大気中のCO₂を回収した炭素（C）と再生可能電力で電気分解した水素（H）を合成した燃料は、「e-Fuel」といいます。大気中CO₂活用は、CCUS（CO₂回収利用貯蔵）のカーボンリサイクルになり、燃焼時に排出するCO₂はカーボンニュートラルとして扱えます。また、再エネ電力起源の水素は、CO₂フリーのグリーン水素といわれています。なお、CO₂フリー水素としては、化石燃料を改質するものの、CCS等で回収した水素であるブルー水素も含まれますが、CO₂を排出する改質水素はグレー水素といわれます。

グリーン水素と火力発電所などで排出されたCO_2を触媒反応で**液体炭化水素**を合成して、エンジン燃料などに活用しようというものです。技術的にはすでに確立されていますが、合成プロセスと触媒の改良が、今後の技術開発のカギになるといわれています。

技術開発で先行するENEOSでは、2030～40年代の商用化に向けて実証を進め、30年以降に、日量1万バレル（年間約58万KL）の製造を目指しています。

●技術開発の課題

エネルギーとしての利用に当たっては、エネルギー安全保障の確保が重要であり、合成燃料も、エネルギーとして利用するためには、安定供給が必要で、消費者・需要家が必要な数量のエネルギーを適正価格で供給しなければなりません。ENEOSが目指す1万バレルでも、現在の内需の約2％に過ぎません。商用化、実用化されるようになるためには、今後、コストの低減と規模の拡大が大きな課題になるものと思われます。

合成燃料の概要

合成燃料の主なポイント

新しいサプライチェーン・機器が必要

水素

CO₂フリー
水素

再生可能エネルギー

・合成燃料は、水素とCO_2から合成（生産）されたガソリン・軽油などの製品の総称
・今の製品と性状や取扱いが同じ

水素SS　→　燃料電池車

合成
合成燃料
（常温で液体）

粗油（合成原油）　→　精製　→　ガソリン　ジェット・灯油　軽油　など

既存の石油サプライチェーンや自動車・燃焼機器などが継続して利用可能

既存SS供給網　自動車　飛行機　工場・家庭

空気中
回収
CO_2

回収

排出ガス

※CO_2フリー水素と、回収CO_2を原料とするものは「e-fuel」とも呼ばれる

カーボンリサイクル

利用（燃焼）
CO_2

・備蓄が容易で緊急時対応にも有効

出所：石油連盟資料

ワンポイントコラム

【合成燃料（e-Fuel）の開発】　水素は、天然には存在せず、基本的には、化石燃料の改質か、水の電気分解によって製造する必要があります。温暖化対策のためには、CO2フリーの水素を使用する必要があり、「グリーン水素」か「ブルー水素」を使わなければなりません。過去には、石油代替燃料として、石炭液化の技術開発に取り組んでいたこともありました。

CO²回収貯留（CCS）とは

カーボンニュートラルの実現には、一定の吸収量の確保が不可欠です。そのために期待されているのが、石油業界が中心になって取り組んでいるCO²回収貯留（CCS）です。

●CCSへの取り組み

2050年になっても、代替技術がなかったり、エンジン自動車や灯油ストーブなど化石燃料利用機器が残ったりして、化石燃料消費が相当量残存することが予想されます。したがって、カーボンニュートラルの実現には、そうした排出を相殺するための吸収量を確保することが必要で、そのための技術として、CCUS（CO²回収利用貯留）が期待されています。CCUSのU（利用）として、e-Fuelなどカーボンリサイクルも重要ですが、内外の石油業界が、2000年代初めから取り組んでいる技術開発が、CCS（CO²回収貯留）です。

石炭火力発電所等から排出されるCO²を化学的に分離・回収し、これを地中深く閉じ込め、管理、監視しつつ長期間貯留するものです。地下の帯水層や枯渇油田・ガス田を利用する場合が多いようです。石油・ガス業界にとっては、油田・ガス田の操業の反対を行うものですから、過去の知見や既存のインフラが活用できる技術です。そのため、国際石油会社、特に、シェルやシェブロンは早い時期から技術開発に着手していました。わが国では、INPEXが長岡で、JAPEXが苫小牧で、実証実験に取り組んでいます。

●石油・天然ガス増産への活用

さらに、CCSを活用した技術として注目されているのが**増進石油回収（EOR）**です。EORとは、地下の圧力が下がり、生産が減衰し始めた油田やガス田に

●CCSの課題

CCS技術開発には、多くの課題が指摘されていますが、主な課題としてコストの問題と**サイト（適地）**があげられます。現在世界的にコストは1トン-CO₂当たり100ドル程度といわれますが、圧入コストよりCO₂の回収コストが大きく、その低減が課題です。

また、わが国の場合、適地が限られているという問題があります。世界的には、約2兆トン（年間排出量の60年相当）のポテンシャルがあるといわれています。

脱炭素の流れの中で、国際的には、欧州連合（EU）など、石炭や天然ガスなどの火力発電所にはCCSを義務付けようとする動きもありますが、わが国の場合、電源構成に占める化石燃料比率は75％と極めて高く、国内サイトの問題と相まって、CCSの活用には、国際協力が不可欠になるものと思われます。

ガスを圧入し、増産を図ろうとする技術で、以前から存在していましたが、圧入するガスに回収したCO₂を利用しCCS同様に活用するものです。生産への活用により、CCSコストを低減させる試みでもあります。

CCS（CO2回収貯留）技術

二酸化炭素の回収・貯留技術（CSS）の概要

分離・回収 → 輸送 → 圧入

地上施設より圧入　パイプライン輸送　分離・回収　大規模排出源　パイプライン輸送　海上施設より圧入

不透水層　CO₂　陸域地下帯水層　不透水層　CO₂　海域地中帯水層

出典：経済産業省

ワンポイントコラム

【CCUSとCCS】　二酸化炭素回収利用貯留（CCUS）とは、CO2 Capture Utilization ＆ Storageのことで、CO2の回収利用はCCUで、カーボンリサイクルやEORがこれに当たります。単純に地層に封じ込めるのが、CCSになります。

カーボンニュートラルへの道筋

4

カーボンニュートラルを実現するためには、既存技術活用だけでなく、新規技術開発が必要不可欠です。どのような考え方で、実現しようとしているのでしょうか。

● 実現への長い道のり

カーボンニュートラルは、自動車の電動（EV）化や再生可能エネルギーの推進といった既存技術の活用だけで実現できるものではありません。化石燃料代替技術が現時点で存在しない分野では、革新的技術開発が必要不可欠となってきます。

や国際エネルギー機関（IEA）＊、米国・英国・日本など各国政府が、実現に向けた工程表を示しています。重点の置き方に差はありますが、次のような考え方で、概ね共通しているように思われます。

① 徹底した省エネルギー・効率化

まず、エネルギー消費量を省エネや効率向上によって可能な限り圧縮する必要があります。

② 電力の脱炭素化

次に、わが国で現在約75％の電源構成に占める化石燃料を再生可能エネルギーや原子力はもちろん、バイオマス、水素、アンモニア等に転換する必要があります。わが国の一部には、電源構成の脱炭素化でカーボンニュートラルが実現するとの誤解も見られるようです。

③ 化石燃料利用の電化

さらに、化石燃料を利用しているエンジン自動車や灯油ストーブなどを電気自動車やヒートポンプなどに転換する必要があります。そのためには、消費者の機器買い替えが必要で、国民の理解・負担が必要不可欠です。なお、現時点でわが国のエネルギー最終消費に占める電力（電化率）は26％で、48％の石油を中心に化石燃料が66％となっています。今後、脱炭素化さ

＊**国際エネルギー機関（IEA）**　International Energy Agencyの略。

● 新規技術開発の重要性

実現に向けては、革新的技術開発に加えて、消費者負担の増加や失業者等、数多くの課題があります。

また、排出削減手段として、**カーボンプライシング（炭素価格付け）**が議論になりますが、現在、排出削減が問題であるのは、むしろ、代替技術や代替燃料の存在しない分野であり、炭素価格によって削減可能な分野は限定されています。したがって、技術開発による新規技術や飛躍的なコスト削減こそが、現在、最も重要であるといえるでしょう。

④ **産業用原燃料の水素化等**

鉄鋼・セメント・化学産業等による化石燃料の原料利用や熱利用の転換が必要ですが、現時点では転換技術が確立されておらず、革新的技術開発も必要です。

⑤ **排出の吸収・相殺**

化石燃料消費が残る部分は、CCUSや植林等で実質ゼロ（ネットゼロ）にする必要があります。

れた電力を活用した、電化率の向上が課題です。

カーボンニュートラルへの道筋

2018年 10.6億トン	2030年 ミックス 9.3億トン（▲25%）	2050年 排出＋吸収で実質0トン（▲100%）

13年比▲46% 上方修正

（今後、議論を深めていくための参考値。今後、以下に限定せず複数のシナリオ分析を行う）

非電力
- 民生 1.1億トン
- 産業 3.0億トン
- 運輸 2.0億トン

→ 民生 0.9億トン / 産業 3.3億トン / 運輸 1.5億トン

- 電化
- 水素、メタネーション、合成燃料、バイオマス
- 化石燃料

電力需要＝30〜50%増
CO₂回収・再利用の最大限活用

電力
- 4.5億トン → 3.6億トン

脱炭素電源
- 再エネ （50〜60%）
- 原子力
- 火力＋CCUS／カーボンリサイクル （30〜40%）
- 水素・アンモニア （10%）

炭素除去
※数値はエネルギー起源CO₂
植林、DACCSなど

脱炭素の考え方
❶省エネ・効率化
❷電力の脱炭素化（再エネ／原子力等）
❸化石燃料の電化（EV・ヒートポンプ化等）
❹産業原燃料の転換（鉄・セメント・石化等）
❺相殺・吸収・除去（CCUS／植林等）

出所：石油連盟「今日の石油産業」2022年

ワンポイントコラム

【電化の必要性】　一般に、エネルギー最終消費に占める電力の割合を電化率（電力率で）といいます。生活水準の向上や産業構造の高度化に伴って、電化率は上昇するといわれていますが、国際的にも国内的にも約25%に止まっています。現行技術で脱炭素可能な電力部門の飛躍的拡大が不可欠です。

カーボンニュートラルへの対応

5

カーボンニュートラル実現を目指す中で、石油需要の激減は避けられません。しかし、カーボンニュートラルが実現しても、石油需要はなくなりません。石油業界はどう対応するのでしょう。

●経営基盤の転換・拡大

石油元売会社では、脱炭素化の動きの中で、2040年に国内石油製品需要は現状より半減するとの前提で、中長期の経営計画を策定しています。したがって、この経営環境の激変に対応して、技術開発はもちろんのこと、経営基盤の転換・拡大にも積極的に取り組んでいます。現在の石油製品の供給を中心とする経営から、「総合エネルギー・素材産業」への転換を目指す取り組みです。国際石油資本でも、欧州メジャーを中心に、電力事業への進出や石油化学事業の強化が積極的に行われています。わが国でも、再生可能エネルギーを中心とする発電や「新電力」などの電力小売りなど電力事業への進出が行われています。会社に

よっては、天然ガスを活用したガス事業への参入も行っています。また、石油各社は、近接する産業であり、付加価値の高い**石油化学事業**の抜本的強化を図っています。さらに、出光興産は有機ELや太陽光パネルの、ENEOSはペットボトル原料である**パラキシレン**の、トップメーカーでもあります。

東南アジアを中心とする途上国の石油需要はまだまだ伸びると考えられることから、海外展開も重要です。

また、**ガソリンスタンド（給油所）**の活用策として、元売各社は、地域サービス拠点と位置づけ、電気自動車の貸出、カーリースや保険事業、コンビニ、コインランドリー等にも進出してます。

● 石油安定供給の維持・強化

しかし、前節まで見てきたように、2050年にカーボンニュートラルが実現、石油需要は激減しても、なくなるわけではありません。**国際エネルギー機関（IEA）**が2050年のカーボンニュートラル実現を前提にバックキャストした「ネットゼロ報告書」（2021年5月）でも、世界石油需要は日量2400万バレル（現行水準の約1／4）残ると予想しています。

したがって、転換期を含めて、わが国に石油需要がある限り、石油業界は石油安定供給が必要です。国内の需要規模に応じた供給インフラ、サプライチェーン（供給網）を維持するとともに、災害時等に備えた強靭化、コスト削減等の国際競争力強化が重要です。

このように、カーボンニュートラルに向けたエネルギーの転換期にあって、わが国石油業界は、技術開発に取り組みつつ、経営基盤の転換・拡大を図り、さらに、石油安定供給も確保しなくてはなりません。

第1章　変わる石油業界

石油業界の対応「三正面作戦」

石油各社は 2040 年内需半減を前提、減少加速も視野
1．経営基盤の拡大、転換
石油各社は、2040年内需半減を前提に、「総合エネルギー・素材産業」を目指す （再エネ発電・電力小売、石油化学・新素材等）
2．革新的技術開発の推進
石油業界は「カーボンニュートラル実現」に貢献 ⇒水素、合成燃料（e-Fuel）、CCUS　等 　既存インフラ、技術的知見・習熟の優位性を活用
3．サプライチェーン（製油所/SS等）の維持
2050年でも石油需要は残る（2400万BD現在の1/4） ⇒既存機器・非代替的用途・レジリエンス用等が必要 　需要がある以上、石油安定供給維持が必要

ワンポイントコラム

【代替燃料の存在】　国際エネルギー機関（IEA）は、石油からの代替の困難な分野として、石油化学原料、航空・海運・貨物輸送燃料をあげています。燃料として利用するには、数量面やコスト面での安定供給が必要であり、原理的・物理的に可能なだけでは足りません。これらの代替技術の開発が期待されます。

間に合った業界再編

石油製品の内需減少が止まりません。脱炭素による加速も予想されます。そのため、規模を適正化し、経営合理化を進めるため、石油業界の再編で、石油元売会社は三大グループに集約されました。

● 三大グループ化

2017年4月のJXTGエネルギー（現ENEOS）の発足に続き、2019年4月には、**出光昭和シェル**の経営統合が行われました。2017年5月、**コスモ石油とキグナス石油**は、資本・業務提携し、わが国の石油精製・元売業界は三大グループに集約されました。80年代初め、元売会社は13社でしたが、5社となりました。

ENEOSは国内ガソリンシェアの50％を超え、出光のシェアは30％を超えており、ガソリン販売シェアは上位二社で、80％に達しました。寡占化による弊害の指摘もありましたが、公正取引委員会は合併審査（2016年12月）で、ガソリン等の製品輸入促進措置を条件として、両案件の統合を認めました。

● 内需の減少

業界再編の最大の背景として、石油製品の国内需要の減少が指摘されています。わが国の石油製品（燃料油）の需要のピークは、1999年度の2億4500万KLでしたが、2021年度には約1億万KL減少しています。内需減少の要因としては、燃料効率の向上（省エネ）、燃料転換の進展、さらには、少子高齢化の進行、ライフスタイルの変化等の構造的なものであり、中長期的に需要減少が継続することは避けられず、今後の回復は期待できません。

今後、エネルギー転換・脱炭素化が進めば、内需減少が加速化することは間違いありません。ENEOS

も、出光も、2040年には国内石油需要は半減する、場合によっては早まると予想しています。

全体の需要が減少する中で、石油の安定供給を維持するためには、国際競争力の強化、経営合理化や事業転換の推進が必要不可欠となります。

●メジャー系外資の撤退

今回の業界再編の総仕上げの直接的な契機は、オイルメジャー（**国際石油資本**）系会社の撤退でした。2012年、**エクソンモービル（EM）** が東燃ゼネラルに事業を譲渡するかたちでわが国市場から撤退し、また、2015年11月、英蘭**シェル**は、出光興産に、昭和シェル石油の持株を売却して撤退することを発表しました。EMとシェルが、撤退した最大の要因は、内需減少です。わが国の石油市場を衰退市場であると判断し、投下資本をより投資効率の良い成長市場に振り替えたのです。今回の再編は、メジャーが放棄した日本市場を民族系企業二社が引き継いだものといえます。また、本格な内需減少に備えた企業体制の再構築再編は最後のタイミングだったといえるでしょう。

国内石油業界の再編状況

出光興産		出光興産	
昭和石油	1985年1月合併 昭和シェル石油	2019年4月統合 昭和シェル石油	出光興産
シェル石油			
日本石油	1999年4月合併 日石三菱	2002年7月社名変更 新日本石油	
三菱石油			
九州石油	2008年10月合併	2010年4月統合	2010年7月設立 JX日鉱日石エネルギー
日本鉱業（精製）	1992年12月合併 ジャパンエナジー		
共同石油			2017年4月統合 ENEOS
東燃（精製）	2000年7月合併 東燃ゼネラル石油	エクソンモービルグループ	東燃ゼネラルグループ
ゼネラル石油			
エッソ石油	2002年6月合併 エクソンモービル		
モービル石油			
三井石油	2014年2月資本譲渡		
大協石油	1986年4月合併 コスモ石油	コスモ石油	コスモ石油
丸善石油		2017年5月資本提携	
キグナス石油			キグナス石油
太陽石油			太陽石油

出所：石油連盟「今日の石油産業」2022年

ワンポイントコラム

【**資本の蓄積**】　従来、民族系石油会社は、ビジネスモデルの相違から、ガソリン市場を中心に、外資系石油会社と過当競争を繰り返し、他産業のような内部留保の蓄積が行えませんでした。今後の事業転換や技術開発の原資確保には、業界再編によるマージンの改善が必要不可欠だったともいえます。

過剰精製設備の廃棄

近年、業界再編と同時進行したのが、製油所の過剰石油精製設備の廃棄でした。設備廃棄の状況と考え方、その成果を見てみましょう。

● 製油所の設備稼働率

一般に、**製油所**の設備規模は、石油精製工程における最も基本的な設備である**常圧蒸留設備（トッパー）**の一日当たりの原油処理能力（バレル／日、BD）で表されます。これを分母として、分子に原油処理（通油）量をおいて、％で表したものが**設備稼働率**となります。

安定供給面からは、十分に余裕のある処理能力持つことが望ましいですが、経営面・収益面からは、設備能力を圧縮しフル生産を行うことが望ましいのです。過剰設備は固定費負担の増大とともに、供給圧力がかかり市況維持の観点からも望ましくありません。過去には、適正稼働率として、80％が一つの目安でしたが、今日、欧米の先進製油所やアジアの新鋭製油所で

は90％以上の水準での稼働が通常です。わが国では、2000年代前半には80％台の稼働率でしたが、内需減少と共に低下し始め、2011年度には74・2％まで低下しました。このように、2000年代の終わりには、経営の効率化の観点から、国際競争力の維持という産業政策の観点からも、製油所の閉鎖を含む過剰石油精製設備の廃棄を避けて通れなくなりました。

しかし、本格的な設備廃棄を行うには、製油所そのものの廃止が望ましいですが、製油所は地域経済の中核、「企業城下町」であることも多く、地域経済や雇用に与える影響が大きく、簡単には進みませんでした。

● 高度化法に基づく設備廃棄

経済産業省は、エネルギー供給構造高度化法の運用

7

 用語解説

＊**石油の換算式**　1バレル≒159ℓ＝0.159kℓ、1kℓ＝1000ℓ≒6.29バレル
例：原油処理量（2021年度）＝147万kℓ／年×6.29÷365日≒
253万バレル／日

で、実質的に設備廃棄を推進しました。2010年7月、同法告示で、石油資源の有効活用と共に石油精製業の国際競争力の強化の観点から、石油精製会社に高付加価値製品のガソリン増産のための「重質油分解装置能力」の常圧蒸留設備能力に対する整備率（重質油分解装置装置能力÷常圧蒸留装置能力）を一定水準以上とする規制を行ったのです。精製会社は、装備率向上には、重質油分解装置の増備か、常圧蒸留装置の削減かの選択肢がありますが、内需減少下では、後者を選択せざるを得ません。その結果、出光・徳山、JX・室蘭、コスモ・坂出等6製油所閉鎖を含め、2014年3月末には、製油所は23か所、常圧蒸留装置能力は約2割（94万BD）減の395万BDとなりました。

また、経済産業省は、2015年7月、同法第2次告示で、同様の規制を行い、2017年3月末には、常圧蒸留装置能力は、さらに約1割（42万BD）削減され、352万BDとなりました。現在、内需減少に伴い、さらなる設備廃棄が求められています。

石油製品内需の推移と見通し

出典：石油連盟「今日の石油産業」2022年

【過剰精製設備の廃棄】　2020年度はコロナ禍の影響で製油所稼働率は69％まで低下、2021年度は経済回復で73％まで回復したものの、依然として低稼働率が続いています。このため、ＥＮＥＯＳは2023年10月和歌山製油所の、出光興産は2024年3月精製子会社の西部石油山口製油所の精製機能停止を予定しています。

電力事業への進出

内外の石油産業は、中長期の将来に向けた事業転換の大きな柱として、再生可能エネルギーなど電力事業への参入を中心に、総合エネルギー産業を目指しています。

● 電力事業への参入

近年のエネルギー転換の議論の中心は、太陽光や風力といった再生可能エネルギーの主力電源化を通じた「電化」です。将来におけるエネルギーの中心は電気になることは間違いありません。そのため石油産業がエネルギー産業として生き残っていくためには、電力事業に参入して行くことが必要になります。

そうした中、英蘭シェルは、「2035年には世界最大の電力会社を目指す」と発言しBPやトタールなど欧州メジャーは電力に積極的に参入しています。

わが国の石油業界も、電力事業の規制改革を背景に、広範囲にわたって、電力事業に参入しています。

2016年の家庭用を含めた全面小売り電力販売自由化にあたっては、**「新電力」**として、ENEOS、出光が参入したほか、2019年からはコスモ石油も小売りに参入しました。2019年3月時点で、ENEOSは、東京ガス、KDDI（携帯電話）、大阪ガスに次ぐ、第4位の「新電力」会社です。

もともと、製油所では、製品として販売できない重質の残渣や余剰ガスを原料として、所内用電力の自家発電を行ってきました。電力規制改革の第一段となる1995年12月の電力会社による卸電力の入札制度導入にあたっては、各地の石油会社は**独立系発電事業者（IPP）**として参入し、電力会社に電気の卸販売を行いました。その後、2000年3月の大口の特別高圧需要家向けの電力小売り部分自由化にあたって、**特定規模電気事業者（PPS）**として、同時に自由

8

化された送電線の託送制度を利用して大口顧客に小売販売を開始しています。石油会社は、こうした従来からの経験に加え、自社電源を有している点が電力事業への参入の優位性となっているのです。

● 再生可能エネルギー事業

さらに、わが国の石油業界は、**再生可能エネルギー事業**への参入も盛んです。日本各地に、閉鎖製油所や油槽所の遊休地を活用したメガソーラー発電に加え、石油各社は特色ある再エネ発電所を有しています。

出光興産は、九州電力と1996年から滝上地熱発電所（大分県九重町、27万5000kW）を運転していますし、北海道や秋田県で地熱発電所を建設中です。また、旧昭和シェル石油は、2015年11月から、川崎に日本最大の木質バイオマス発電所（京浜バイオマスパワー、4万9000kW）を有しており、CIS薄膜ソーラーパネルのメーカー（ソーラーフロンティア）も子会社としています。コスモ石油は風力発電の大手ですし、ENEOSは洋上風力発電に進出するとしています。

元売り各社の将来ビジョン

会社	内容
ENEOS	• 2040年には石油需要は現状より半減との前提 • 再エネによる発電事業、石油化学事業等を育成 • 水素技術開発に取り組む • アジアを代表する「総合エネルギー・素材会社」を目指す （2019年5月、同社長期ビジョン概要）
出光興産	• 2018年11月よりベトナム・ニソンで、石油・石化コンビナート運転開始 • 早期に、非石油事業の営業利益を半分以上とする • 有機EL等の機能性素材・再エネによる電力事業を強化 （2019年5月木藤社長インタビュー）
コスモ	• 再エネ事業拡大で、SDCs実現に貢献 • カーケアサービス（カーリース・保険等を含む）推進 （第6次中期経営計画）

ワンポイントコラム

【ガス事業への参入】 ENEOSは、マレーシアにLNG権益を持っていることから、八戸と釧路にLNGの輸入基地を有しています。また、ガス事業の規制緩和に対応して、ガス小売り事業にも進出しています。

石油化学への進出

内外石油産業は、将来の事業の方向性として、電力産業と共に、石油化学を中心とする新たな素材産業も有望視されています。内外石油産業の石油化学への参入の状況とその背景を紹介します。

● 資本の壁・業種の壁

海外においては、石油精製と**石油化学**は、一体操業が行われている場合が通常です。また、伝統的にメジャー石油会社は、エクソンモービルやシェルなど、石油化学大手でもあります。しかし、わが国では高度経済成長期、石油精製は終戦直後の元売会社が中心に成長したのに対し、石油化学は財閥系企業が中心となって発展しました。ENEOS、出光、コスモ共に石油化学部門はあるものの、精製部門と比べて規模が小さいのです。その意味で、わが国では両者は「資本の壁・業種の壁」で分断されてきたといわれています。

通常、石油製品は熱利用や動力用の燃料として、燃焼利用されますが、石油製品の一つである原料**ナフサ**から、基礎化学品を経て製造される石油化学製品は、多種多様な工業製品・生活用品として利用されています。石油化学は、石油精製よりも装置が複雑で、かつ運転条件も厳しく、製品の付加価値は高くなります。その意味で、燃料ではなく、原料使用は、石油資源の有効活用（ノーブルユース）だとされています。

● RING事業

わが国におけるコンビナート内の工場間の連携は、90年代後半の石油製品輸入自由化等の規制緩和により、製油所の効率化や国際競争力向上の必要性が意識され始めた2000年代初めに、複数製油所間での装置の相互利用、原材料や熱・電力等の用役（ユーティリティ）の融通などの運転最適化を目指した連携

から始まり、その後、製油所と石油化学工場間での連携、さらには複数事業所の統合運営に深化しました。

こうした取り組みは石油コンビナート高度統合運営技術研究組合（RING）の事業として進められ、水島・鹿島・千葉等における製油所等の競争力向上に貢献しただけでなく、水島における連携事業はJX日鉱日石エネルギー（ENEOS）の経営統合の一つの契機となるなど、両業界に相乗効果を生み出しています。

●コンビナート間競争

世界的には、80年代終わりから、サウジのジュベール、韓国の蔚山・温山、台湾の麦寮、インドのジャムナガール等、産油国や途上国に新設される製油所は、石油化学工場と一体であることが通常となってきました。その意味で、製油所の国際競争力のみならず、コンビナート間競争でもあります。

こうした世界的な動きは、石油化学の付加価値の高さに加え、近年のエネルギー転換・脱炭素化の動きの中で、石油精製の生き残り戦略として、将来性のある石油化学に参入しておきたいということでしょう。

日本の石油化学コンビナート

水島（岡山県）
三菱化学
旭化成ケミカルズ

大阪（大阪府）
三井化学

鹿島（茨城県）
三菱化学

千葉（千葉県）
丸善石油化学
三井化学
出光興産
住友化学

周南（山口県）
出光興産

川崎（神奈川県）
JX日鉱日石エネルギー
東燃化学

岩国大竹
（山口県・広島県）
三井化学

四日市（三重県）
三菱化学
東ソー

大分（大分県）
昭和電工

出所:石油化学工業協会

ワンポイントコラム

【石油化学事業への進出】　産油国の国営石油会社でも、近年、石油化学への進出が盛んです。サウジ・アラムコは、紅海側のラビークで住友化学と合弁を展開、さらに石化事業中心のサウジ基礎産業公社（SABIC）を買収、アブダビのADNOCも石油・石化コンプレックスを建設、マレーシアのペトロナス、インドネシアのプルタミラでも同様の動きが見られます。

海外事業への進出

わが国の国内石油需要は縮小している一方で、東アジアの石油需要は引き続き成長しています。したがって、わが国石油業界にとっても、そうした成長市場を事業に取り込むことが重要であり、海外事業進出や製品輸出は、事業戦略として重要な選択肢となっています。

● 出光興産ニソン合弁製油所

2018年11月、出光興産のベトナムにあるニソン合弁製油所が商業生産を開始しました。同製油所は、同社を中心にベトナム国営石油（ペトロベトナム）、クウェート国営石油（KPI）、三井化学と共に建設した石油精製・石油化学コンプレックス（コンビナート）で、石油精製能力が20万BDで、国内需要の半分程度を賄います。ベトナムは産油国ですが、クウェート原油を輸入し、精製することで成長著しい同国石油市場に供給します。今回の出光のニソン製油所は、国内精製元売会社にとって、初めての本格的な海外事業です。

過去、1960年代に、旧丸善石油（現コスモ石油

の子会社「丸善東洋石油」がシンガポールにごく小規模な製油所を建設、運営しましたが、間もなくBPに譲渡されました。わが国石油業界の海外展開が遅れた理由としては、①石油業法に基づく消費地精製方式のもと国内完結型の需給体制が基本であったこと（政策的制約）、②親会社ないし提携相手のメジャー外資による海外事業の制限があったこと（外資の制約）③永年の過当競争により海外投資のための資本蓄積ができなかったこと（資金的制約）、などが挙げられます。

● 潤滑油・石油化学の進出

ただ、潤滑油については、比較的海外展開が早かったのです。1980年代初めから、国内自動車産業の

ワンポイントコラム

【海外進出の遅れ】　海外進出が遅れた理由を3点挙げましたが、結局、戦後復興期、高度成長期、調整期を通じて、国内石油産業には国内の安定供給最優先が求められ、近年になるまで、海外進出の余裕もなかったということだと思います。復興期、海外メジャーと提携し、原油安定供給を図ったことが、出発点となったからだと考えられます。

28

● 石油製品の輸出

近年、石油製品の海外輸出も増加しています。2018年度の製品輸出は、国際船舶・航空燃料を含めて3185万KLと国内生産比19・3%を占めており、国内サプライチェーンの維持や市況対策上重要な役割を果たしています。特に、海外市況が堅調な軽油については、841万KLと同20・6%に上っており、収益源となっています。

海外工場の展開と共に、自動車各社の純正潤滑油として、石油各社も海外進出を果たしました。現在、中国、タイ、インドネシア、ベトナム、中東等で、潤滑油をブレンド、製造し、販売しています。潤滑油は、製造ノウハウが必要であり、収益性が高い製品です。

また、2000年代初めからは、旧JX、コスモ石油、旧昭和シェルは、韓国で芳香族等の石油化学の合弁事業を設立しています。ペットボトル等の原料となるパラキシレン事業は、高収益を上げ、国内生産と併せ、ENEOSは世界のトップシェアを有しています。

元売各社の海外事業

会社	展開事例
JXTG	アジア各地で潤滑油事業展開、韓国でパラキシレン事業、ベトナム石油公社（ペトロメリックス）に資本参加 マレーシアにLNG権益、八戸・水島にLNG輸入基地・釧路に二次基地
出光昭和シェル	ベトナム・ニソン合弁製油所操業、ベトナムで給油所事業に参入、アジア各地で潤滑油事業展開、米国西海岸で石油物流事業に参入、太陽石油と韓国でパラキシレン事業、豪州等に石炭権益
コスモ石油	韓国でパラキシレン事業、アジア各地で潤滑油事業展開

出所：各社HP等より石油情報センター作成

ベトナム・ニソン製油所の概要

項目	概要
所在地	ベトナム社会主義共和国タインホア省ニソン経済区
事業総額	約90億米ドル（うち出光興産負担額約14億米ドル）
出資比率	出光興産35.1%、KPI 35.1%、ペトロベトナム25.1%、三井化学4.7%
主な装置	常圧蒸留装置:20万BD、重油直接脱硫装置:10.5万BD、重油流動接触分解装置:8万BD、芳香族製造装置（パラキシレン）:70万トン/年

出所：出光興産プレスリリース

電気自動車（EV）の衝撃

カーボンニュートラル実現が課題となる中、世界各国で2030年代のエンジン自動車の販売禁止、電気自動車の普及が宣言されています。その状況・課題を見てみましょう。

●EV化政策

2017年7月、仏・英両国政府が、相次いで、EVの普及促進のため、2040年までのガソリン・軽油を燃料とするエンジン（内燃機関）自動車の販売禁止方針を発表して以来、欧州を中心に、米国加州・NY州、中国、日本を含め、その方向が明確になっています。日本や中国がEVにハイブリッド車（HV）を含めるに対し、欧米はHVを含めないなど、各国で内容に差はありますが、最近では、エンジン車の販売禁止は2035年としている政府が増加しています。日本でも2035年、東京都では2030年の販売禁止方針を打ち出しています。実質排出ゼロ実現が現実の課題となる中、EV化は必然といえるかもしれません。ま

た、従来EVは、航続距離が短い、充電インフラがない、コストが高いとの欠点から、普及が進んでいませんでしたが、技術進歩と各国政府の補助金や各種優遇策のよって、急速に普及が進んでいます。

●EVの優位性

EVは走行段階では、CO_2排出も大気汚染の原因物質も出ませんから、環境保全の観点から優れていることはもちろん、エンジン駆動よりモーター駆動の方がエネルギー効率が良いことから、走行距離当たりのエネルギー消費量は3分の1～半分で済むとの試算*のエネルギー消費量は3分の1～半分で済むとの試算*。やわが国の全乗用車がEVに変わっても電力消費量の増加は約10％に止まるとの試算もあります。また、自動車業界のCASEと呼ばれる技術革新と相性が良い

*…**との試算**　IEAの調査による。

●ＥＶの問題点

しかし、脱炭素のためには、再エネや原子力による電源の脱炭素化がＥＶ化の前提です。また、ＥＶ化に伴う産業構造の変化による雇用や国際競争力、経済安全保障への影響も懸念されています。現在、世界の産業技術の中心はエンジン自動車にあり、わが国の国際競争力の根源になっています。それが、モーター自動車へ移行しても、競争力が維持できるか問題です。国内の自動車関連雇用者は550万人といわれていますが、自動車メーカーの下請け中小企業にはエンジン関連部品製造が多く、ＥＶ化で部品点数が半減するため、わが国産業構造や雇用への影響は甚大です。自動車整備工場やガソリンスタンド等の雇用も心配です。さらに、ＥＶにはリチウムなど希少金属の確保が必要です。そのため石油の中東依存から、希少金属の中国依存が新たな経済安全保障の問題点になるでしょう。

ことも指摘されています。さらに、バッテリーが停電時の非常電源や電力負荷軽減に活用できる、給油所が減少する中、自宅で充電できる等の長所もあります。

EV化による石油需要ピーク試算

【EV比率の前提】ピークケース：2030年30%・2050年100%、レファレンスケース：2030年9%・2050年20%

●石油消費

レファレンス
122
105
98　技術進展
90　　97
86　　89　石油需要ピーク
120
100
80
Mb/d
60
2010　2020　2030　2040　2050

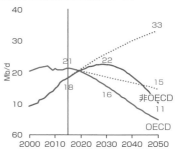

●自動車用石油消費（石油需要ピーク）

40
30
21　33
18　22
10　16　15　非OECD
11
OECD
Mb/d
60
2000　2010　2020　2030　2040　2050

注：点線はレファレンスシナリオ

石油需要ピークケースでは、石油消費は2030年ごろの98Mb/dを頂点に減少に転じる。レファレンスシナリオからの減少は、2030年に7Mb/d、2050年には33Mb/dに拡大

レファレンスシナリオでは急速な増加を続ける非OECDの自動車石油消費も2030年ごろから減少に転じる。2050年にはレファレンスシナリオ比で約3分の1にまで減少

出所：日本エネルギー経済研究所　「エネルギーアウトルック2018」

ワンポイントコラム

【充電場所の問題】　ＥＶの充電場所としては、自宅などでの基礎充填、途上における経路充填、事務所や店舗における目的地充填の３種類があるといわれていますが、欧米においては、充電の付加価値が小さく、給油所のようにビジネスとしては成立しにくいとされています。そのためか、わが国でも、給油所業界の充電事業への進出は遅れています。

脱炭素の痛み

　世界各国は、カーボンニュートラル実現に向けて本格的に動き出しました。わが国の石油業界もその実現に向け、脱炭素という「ピンチ」を技術開発で「チャンス」に変えるべく取り組んでいます。脱炭素の痛みは化石燃料業界だけではありません。エネルギーや産業の構造を大きく転換させる取り組みですから、広い範囲で「痛み」が出るのは当然です。

　すでに、その痛みは、投資不足の原油価格やFIT付き電力料金の上昇など産業・生活のコストの上昇に表れ始めています。炭素価格でますますそのコストは上がるでしょう。まさに「グリーン・インフレーション」の時代に入ったのです。国民・消費者は脱炭素を選択した以上、コストを負担しなければなりません。コストは、物価だけではありません。雇用も大きな問題です。EV化で、エンジン部品製造の中小企業、自動車整備工場、ガソリンスタンドなどの従業員はどうなるのでしょうか。その意味で、「リスキリング」（学び直し）が重要な課題となるのでしょう。

　しかし、米国連邦準備制度理事会元議長のグリーンスパン氏は回顧録の中で、気候政策がスムーズに進むのは、人々の雇用や所得に影響しない範囲内であると述べています。フランスでも、マクロン大統領の炭素税増税提案に端を発した「イエローベスト」運動はいまだにくすぶり続けています。2022年11月の米国中間選挙時にカリフォルニア州住民投票で炭素税提案は否決されました。温暖化をフェイクニュースと言って憚らないトランプ前大統領の人気がなくならないのも、理解できます。

　2022年のCOP27で、新たなコストが発生しました。気候変動による途上国の損失・損害に対する数千億ドル規模の補償基金への拠出です。実質的に、過去の排出責任に対する先進国の補償ですから、気候正義（climate Justice）の観点からすれば当然です。あるいは、ウクライナ戦争による国際社会の分断の中で、気候政策の空中分解を避けるための先進国のコストなのかもしれません。

　戦後、高度成長期以降、世界の産業技術の中核にはエンジン技術があり、日本の自動車産業は無敵でした。それがバッテリー・モーター・電子制御に変わったとき、日本産業の国際競争力はどうなるのでしょうか。経済安全保障上、エネルギーの中東依存が、希少金属の中国依存に変わるだけのような気もします。結局、こうした「痛み」を正当化できるのは、民主国家では有権者の投票だけなのでしょう。

石油と石油産業の
基礎知識

石油はどのようなものか？

石油産業はどのようになっているか？

第2章では、石油と石油産業の基礎知識を説明します。

石油には、優位性（長所）もあれば、問題点（短所）もあります。

そして、石油の安定供給を担う石油産業の仕組みや特徴も、

できるだけわかりやすく解説したいと思います。

石油とは何か？

まず、石油とはどのようなものか、その定義、名称、単位等について、説明します。

● 液状炭化水素化合物

石油とは、地中から採取された**原油**と原油から精製された石油製品の総称です。

原油とは、炭化水素を主成分とし、微量の硫黄、窒素、酸素、金属などを含む鉱物性の液体化合物です。

原油には、ガス田から天然ガスと共に産出される液状のコンデンセートや、ガス・オイル・セパレーター（GOSP）で分離された天然ガス液（NGL＊）、最近増産されているシェールオイル（タイトオイル）等の**非在来型原油**を含めることが多いです。通常、原油のままでは、火力発電など単純な燃焼用途以外には利用できず、燃料や原料として利用するためには、製油所（石油精製工場）で、精製工程を経て、ガソリンや灯油、

軽油、重油、潤滑油等の石油製品を製造する必要があります。石油はエネルギー源として、常温において液体であることが大きな特長であり、固体である石炭、気体である天然ガスと異なります。海外の天然ガスは、低温加圧、液化してLNG＊として輸入されます。

● 石油という名称

石油は、英語では**ペトロリアム（Petroleum）**あるいはオイル（Oil）です。ペトロリアムは、ラテン語の岩石を意味するペトラ（Petra）と油脂・香料を意味するオレウム（Oleum）の合成語です。古代メソポタミアや古代エジプトでは防腐剤や薬剤としても利用されていました。また、わが国においては、石油は北宋の沈括による『夢渓筆談』から出典された用語とい

 用語解説

＊ **LNG**　Liquefied Natural Gasの略。液化天然ガスのこと。
＊ **NGL**　Natural Gas Liquidの略。天然ガス液、天然ガソリンのこと。原油に含めることもある。

34

われていますが、明治の初めには「石炭油」と呼ばれていたものを後に「炭」を省略したとの説もあります。

わが国では、日本書紀の天智天皇の即位7年（668年）に、「越の国、燃ゆる水・燃ゆる土を献上す」との記述があり、これが記録に残る石油に関する最古の記述です。現在の新潟県から、石油とアスファルトが大和朝廷に献上されたのでしょう。江戸時代には、「草生水・臭生水」（くそうず）と呼ばれ、新潟県、秋田県、千葉県等限られた地域で、炊事や暖房等に利用されました。全国的に石油が利用されるようになるのは、明治中頃に、灯油ランプの燃料となってからです。

●バレル

原油関連の単位として、**バレル**（Ｂｂｌ）が使われています。バレルとはまさに「樽」のことで、18世紀半ば過ぎ、米国で近代石油産業が成立した頃、石油の輸送手段として、酒樽が活用されたことに始まり、その後も伝統的に原油の取引単位として使用されています。1バレルは159リットルに相当し、日量で表示されることが通常です。

石油製品の種類と用途

石油製品	国内需要 2021 年度	主な用途	代替性
石油ガス	―	LPG、製油所燃料	―
ガソリン	45,462,205KL	自動車、航空、船舶、溶剤等	普通
原料ナフサ	13,545,252KL	石油化学原料	困難
ジェット燃料	8,564,515KL	航空	困難
灯油	12,084,758KL	暖房、厨房、溶剤等	容易
軽油	36,178,980KL	自動車、船舶、発電等	困難
重油	24,784,166KL	発電、船舶、ボイラー、暖房等	容易
潤滑油	1,969,259t	潤滑油、エンジン油等	―
アスファルト	2,246,628t	舗装、発電、製油所燃料等	―
パラフィン	80,583t	蝋等	―

（総合エネルギー統計、IEA 資料等に基づき筆者作成）

ワンポイントコラム

【石油製品】　石油製品とは、狭義では、ガソリン・原料ナフサ・灯油・ジェット燃料・軽油・重油のことをいいますが、広義では、上記の燃料油に、LPガス、潤滑油、アスファルト等を含めることもあります。法律的・行政的には、前者の範囲で石油製品とされています。目的に応じて、使い分けが行われているようです。

石油有機起源説

次に、石油がどのようにできたのか、その起源、成因について、有機起源説を中心に解説します。

● 有機説と無機説

石油のでき方については、従来、地球深部で炭素と水素が化学反応（重合＊）してできたとする無機説と、生物の死がい等の有機物が分解＊されてできたとする有機説が対立してきました。

今日では、電子顕微鏡やガスクロマトグラフの発達で、石油から生物の痕跡であるバイオマーカーが検出されたこと、原油の分子構造の組成が生物に似ていることから、有機説が圧倒的に有力です。現実の探鉱・開発事業でも、有機説を前提に実務が行われています。

● 堆積、熟成、移動・集積

原油・天然ガスは、数億年前の古生代から数千万年前の新生代の地層から広く発見されます。特に、恐竜が活躍した中生代（約2億5000万年前から6000万年前）の地層のものが多いです。有機起源説によれば、石油・天然ガスの生成過程は次のとおりです。

① 生物と土砂の堆積：堆積盆地と呼ばれる浅く広がった海や湖に、プランクトンや藻類を中心に、陸上・水中の動植物を含め生物の死がい（有機物）が、砂や泥とともに厚く降り積もる。

② ケロジェンの生成：新たな岩石・土砂が堆積し地層が形成される過程で、生物の死がいからケロジェンといわれる有機物が生成される。

③ 石油の熟成：長い年月の中で地熱や圧力、バクテリアの作用により、ケロジェンは石油系炭化水素に変化する。石油が熟成される地層を石油根源岩という。

 用語解説

＊**重合**　一つの化合物の2個以上の分子が結合して、新しい化合物となる反応。
＊**分解**　化合物が2種類以上の簡単な物質に変化する化学反応。

● 鉱床の形成

このように生成された原油・天然ガスの商業生産が可能な集積が、**鉱床**です。石油鉱床が成立するためには、次の3要素からなる**石油システム**が必要となります。①石油根源岩の存在、②根源岩からの排出・移動、③石油貯留岩と帽岩からなるトラップへの集積です。すなわち、硬い岩盤からなる帽岩で上部をシールされた、褶曲地層や傾斜した断層が形成され、より粗い隙孔（隙間）を有する土砂からなる貯留岩のトラップに、炭化水素化合物がタイミングよく、排出、移動、集積されてはじめて、石油鉱床が形成されるのです。

原油は地下にプール状に溜まっているわけではなく、貯留岩の隙間に浸み込んだ状態で存在しています。また、石油は流体（液体）なので、供給・消費段階では利便性や経済性が高い反面、地下では流体が移動するため、炭鉱・開発段階ではそのリスクが大きくなります。

④石油の移動と集積：地殻変動や圧力で、炭化水素は近隣の岩石の隙間に排出、移動、集積される。石油が移動し、集積する地層を石油貯留岩という。

石油・天然ガスの生成（有機説）

① 有機物と土砂の堆積

海　微生物

泥　　生物の死骸

② ケロジェンの生成

砂

泥岩　　ケロジェン

③ 熟成・石油の生成

砂岩
泥岩
砂岩
泥岩
ガス　油　水

④ 石油の移動・就籍

帽岩
ガス
油　貯留岩
水　　　　　水

出所：石油連盟『調べてみよう石油の活躍』より

ワンポイントコラム

【石油製品の種類と用途】 上図のように、石油や天然ガスが形成されるのは、「在来型」と言われるものです。最近、生産が増加している「非在来型」のものは、流動性がなく、移動・集積されることはありません。地中深くのシェール層に封じ込められていたり、地表近くに堆積している場合が多いといえます。

石油の埋蔵量

3

石油に関する講演時には、「石油はいつ枯渇するか？」と質問されることがよくあります。可採年数と枯渇との関係を誤解している人が多いようです。

● 埋蔵量の定義

地中に存在している資源の総量は**資源量**（Resources）、そのうち商業的に回収（生産）可能な量を**埋蔵量**（Reserves）といいます。石油技術者協会のPRMS＊によると、埋蔵量（Reserves）とは「地質学的・工学的データにより、ある時点以降に、既知の貯留層から、現状の経済条件、操業技術と政府規制の下で商業的に回収されることが予想される量である」と定義されます。また、回収可能性の確率によって、①90％以上で**確認埋蔵量**（Proved Reserves）、②50％以上で**推定埋蔵量**（Probable Reserves）、③10％以上で**予想埋蔵量**（Possible Reserves）と3種類に分類しています。

語感からすると、日本語で「埋蔵」というと、地球

上に存在する量とのイメージを想起しますが、あくまで、埋蔵量の定義は、「現時点の技術と経済を前提に商業的に回収（生産）可能と評価される量」であり、技術革新や原油価格上昇等の要因で増加する性格のものです。

● 埋蔵量の増加

石油業界で基本的データとされるOGJ＊誌の各年版によれば、石油の確認埋蔵量は、毎年の消費増大にもかかわらず、数年の例外を除き、趨勢的に増加を続けています。その結果、2019年末の埋蔵量は75年末の約2・6倍に達しています。1980年代後半、OPEC＊加盟国は競って自国埋蔵量の上方修正を行いました。例えば、1988年サウジアラビア

＊ **PRMS**　Petroleum Resources Measurement Systemの略。
＊ **OGJ**　Oil&Gas Journalの略。米国の石油専門誌。
＊ **OPEC**　Organization of the Petroleum Exporting Countriesの略。石油輸出国機構のこと。

は約800億バレルの埋蔵量を追加しました。また、OGJ誌は、原油価格の上昇と技術革新により、非在来型石油の生産が商業化されたものとして、2003年末にはカナダ・アルバータ州のオイルサンド約1700億バレルを、2010年末にはベネズエラのオリノコタール約1120億バレルをそれぞれ確認埋蔵量に追加しました。現在の石油確認埋蔵量は、第1位ベネズエラ、第2位サウジアラビア、第3位カナダの順になっています。

● 可採年数

資源量と埋蔵量の指標の一つに**可採年数**があります。可採年数（R／P）とは、現時点での技術と価格で確実に生産可能な確認埋蔵量（R）をその年の生産量（P）で割った数値です。技術革新や価格上昇で分子の埋蔵量は増えるし、省エネルギー・燃料転換で分母の生産量は減ります。人類の努力により、変化しうる数字です。したがって、可採年数は決して「枯渇までの年数」ではありません。OGJ誌では、可採年数も1975年の35年から2021年の53年と増加しています。

主要産油国の確認埋蔵量と生産量

国名	確認埋蔵量（百万B）	シェア（%）	生産量（千BD）	シェア（%）	可採年数（年）
ベネズエラ	303,561	17.6%	192	0.2%	4320
サウジアラビア	261,600	15.2%	10,600	12.0%	67
イラン	208,600	12.1%	3,100	3.5%	184
イラク	145,019	8.4%	4,020	4.5%	99
クウェート	101,500	5.9%	2,760	3.1%	100
UAE	107,000	6.2%	3,660	4.1%	80
OPEC合計	1,236,895	71.7%	30,828	34.9%	110
カナダ	168,100	9.7%	5,402	6.1%	85
ロシア	80,000	4.6%	10,680	12.1%	20
中国	26,491	1.5%	4,070	4.6%	18
米国	60,544	3.5%	16,490	18.6%	10
非OPEC合計	487,600	28.3%	57,626	65.1%	23
世界総計	1,724,495	100.0%	88,454	100.0%	53
うち中東	847,836	49.2%	28,027	31.7%	83

出所：OGJ 2021 年末号、2021 年時点

ワンポイントコラム

【埋蔵量と資源量】　石油埋蔵量の定義は前記の通りですが、英語の"Reserves"を埋蔵量と訳したことが間違いだったのでないかと思っています。地球上に存在する物理的な石油の量を意味するのは、日本語で「資源量」、英語で"Resources"に近いと考えられます。

石油の優位性

第一次石油危機以来、「脱石油政策」が進められてきましたが、わが国の一次エネルギー供給における石油のシェアは、いまだに4割弱と最大シェアを占めています。その理由は何でしょうか？

●石油の用途（需要）

2021年度の国内石油製品需要は1億6800万KLと、1999年度のピークから00％減少しました。

しかし、石油の用途は極めて広く、国民生活と産業活動にとって必要不可欠なエネルギー源として重要な役割を果たしています。

主な用途としては、①**輸送用燃料**、②**産業・民生用燃料**（熱利用）、③**石油化学用原料**の3つに分けられます。

最大の用途は、輸送用燃料で、内需全体の約40％強を占めます。うち90％が自動車用のガソリンと軽油であり、航空機用のジェット燃料、船舶用の重油も各

5％程度の需要があります。電気自動車等の登場で、石油の輸送用燃料の独占は崩れつつあります。

次に、各種熱源として利用される産業・民生用燃料が約40％弱を占めます。ビルや店舗などの業務用、工場などの工業用のボイラー、あるいは、火力発電用燃料としても利用されています。民生用としては、暖房用の灯油が代表的で、都市部ではオール電化や都市ガス暖房に押されているものの、熱量の高い灯油は北海道や東北などの寒冷地ではまだまだ暖房の主力です。

残り約20％を占めるのが、石油化学原料です。ガソリンとほぼ同様の留分であるナフサからは、石油化学工場で、石化誘導品から、化学繊維、プラスチック、ペットボトル、ゴム、タイヤ等の石油化学製品が生産されます。最近、天然ガスを原料とする場合も増えています。

● 需要面の利便性と供給面の経済性

需要（消費）面において、石油は、①他の化石燃料に比べて単位容積・単位重量当たりの熱量が大きいこと（エネルギー密度の高さ）、②常温常圧で液体であることから運搬・保管・取扱が容易なこと（利便性）、③炭化水素化合物であることから幅広い多様な利用が可能であること（汎用性）、などが優位性として挙げられます。このように、石油のもたらす消費面で便益（効用）は極めて大きいものとなっています。

他方、供給面において、石油は、液体燃料であるため、原油生産・原油輸送・精製・貯蔵・石油製品輸送等、サプライチェーンの各局面で、パイプライン（配管）による輸送・取扱が可能で、精製設備・タンカー・タンク等の大型化などスケールメリット（規模の経済性）が発揮でき、低コストによる供給が可能になっていること（経済性）が、優位性といえるでしょう。

このように、石油の最大の特長は、消費における利便性（便益の大きさ）と供給における経済性（コストの小ささ）にあります。

各種エネルギーの比較

エネルギー	常温常圧の性状	容積当り熱量	重量当り熱量	貯蔵性（備蓄可能性）	在庫（備蓄）日数
石炭	固体	—	25.7MJ/kg（輸入一般炭）	経済的に困難	約30日
石油	液体	38.2MJ/ℓ（原油）	44.8MJ/kg（原油）	経済的に可能 原油は長期貯蔵可能	約220日
天然ガス	気体	44.8MJ/Nm³（都市ガス）	54.6MJ/kg（LNG）	日本では経済的に困難、欧州では地中で貯蔵	10〜15日
【参考】電気	無体物	N.A.	N.A.	貯蔵不可能、同時等量必要	N.A

（注：熱量はエネルギー統計、原油密度は IEA 資料による）

ワンポイントコラム

【石油の用途】　わが国では、石炭は、一般炭が発電用、原料炭が鉄鋼やセメントの原料用、天然ガスは、発電向け、産業用・家庭用の都市ガス向けと、比較的用途が限定されています。それに対し、石油は、熱源となるだけでなく、輸送用燃料、石化原料としても、広範囲な用途があります。それだけエネルギーとしての付加価値が高いといえるでしょう。

石油の問題点

石油は、利便性が高いエネルギーですが、その半面、種々の制約、問題点を持っています。ここでは、石油に内在する問題点、制約を考えてみましょう。

●ピークオイル

石油は、生物を起源に、数億年、数千万年をかけて生成されることから、有限な資源であることは間違いありません。「古代生物の命」であり、「地球からの贈り物」です。この有限性への懸念は、2000年代初頭には、近い将来石油は供給のピークを迎え、その後供給は減退するというピークオイル論として、石油の資源論的な制約、近い将来の枯渇懸念を巻き起こしました。そして、ピークオイル論は、2000年代の原油価格高騰に拍車をかけました。

●枯渇懸念の克服

しかし、技術革新等による埋蔵量の増加傾向、特に、カナダやベネズエラの非在来石油の商業化、さらに、2010年代の米国のシェール革命は、資源制約・枯渇懸念を大きく後退させました。そして、ピークオイルを主張する論者はほとんどいなくなりました。国際エネルギー機関（IEA）によれば、確認埋蔵量ベースでは1兆6940億バレルで可採年数は49年ですが、技術的に生産可能な資源量ベースでは6兆1270億バレルで176年相当と、現時点では枯渇懸念は相当程度克服されたものと見てよいでしょう。

●偏在性と地政学リスク

石油の起源に起因する、もう一つの供給面における制約は、石油資源の偏在、中東地域への集中による供給削減懸念です。埋蔵量ベースで、中東地域には約半

分の石油資源が集中していますが、地政学的に見て、中東は古来紛争が多発しています。

今日では、産油国と消費国間の相互依存関係の深化により、第一次石油危機時のような石油戦略の発動といった事態は考えにくく、IEAを中心とする危機管理体制も整備されていますが、突発的な事故やテロ、戦争による供給障害の発生は起こりうることです。特に、わが国は、中東地域に原油輸入の90％以上を依存しており、調達面のエネルギー安全保障・石油安定供給の確保は、引き続き重要な課題です。

● 環境制約

石油は、国民生活・産業活動に必要不可欠な基礎物資ですが、炭化水素化合物であることから、需要において燃焼消費すると、酸化反応により、二酸化炭素（CO2）の発生が避けられません。そのため、石炭や石油に対する圧力が高まっており、地球温暖化対策、気候変動対策は避けて通れない課題となっています。

第2章 石油と石油産業の基礎知識

石油の優位性と問題点

優位性（長所）

供給における低コスト（経済性）
- スケールメリット
（輸送・貯蔵・製造）

消費における高い便益
- 利便性
- 非代替性
- 汎用性

高熱量の液体燃料

供給（生産）

需要（消費）

供給における中東依存（資源の偏在）
- 高い地政学リスク
（安定供給の要請）

消費におけるCO2発生（化石燃料）
- 地球温暖化対策

問題点（短所）

ワンポイントコラム

【地政学リスク】　地政学とは、地理的条件がある特定の国・地域の政治・経済・軍事等に与える影響を研究する学問のことをいい、地政学に係わる一定の事象が起こる可能性・懸念を地政学リスクといいます。

石油産業の仕組みと役割

国民生活・産業活動に必要不可欠な石油を、油田の開発・生産から消費者・需要家に確実に届ける役割を担っているのが石油産業です。石油産業の仕組みと役割を見てみましょう。

● 上流と下流

石油産業は、広範囲で長いサプライチェーン（供給連鎖・流通網）を有することが特長です。

石油産業では、この長いサプライチェーンを川の流れに例えて、油田の探鉱・開発、原油の生産・出荷の部分を**上流（アップストリーム）**、石油の調達・輸送、原油の精製・石油製品の生産、石油製品の流通・販売の部分を**下流（ダウンストリーム）**といいます。

上流石油産業の特長は、「ハイリスク・ハイリターン」です。石油の探鉱・開発には、大きなリスクを伴いますが、生産に成功した場合の利益は大きいです。また、大規模油田では、生産・出荷のコストは極めて安くなっています。サウジの平均原油生産コストはバ

レル当たり2・8ドルです（アラムコ社債目論見書）。国際市場の原油価格とコストの差は**レント**（剰余価値、地代）として産油国・上流石油企業の収益となります。メジャー石油会社の収益の約80％は上流部門です。

下流石油産業の収益は、リスクは低いものの、リターンは総じて少なく、下流の収益のポイントは、コストを確実に転嫁し、マージンを確保することです。

● 一貫操業

上流と下流を通して操業している石油会社を**一貫操業会社**といいます。シェルやエクソンモービルといったメジャー石油会社は一貫操業会社です。原油価格が高騰している間は上流で稼ぎ、低迷する間は下流で確実

に稼ぐといった収益確保が可能です。しかし、1990年代の石油産業再編の過程で、集中と選択の下、セグメント化（部門分離）も進みました。米国では石油精製専業会社が増えましたし、メジャーも先進国の流通・販売部門からは一時撤退する動きもありました。

わが国では、上流会社と下流会社は、分断されていることが特長です。戦前は一貫操業会社も多かったのですが、戦後、原油調達はメジャーに委ねるかたちで、石油開発会社は、アラビア石油を除けば、石油危機後の発足が多いです。ENEOS、出光、コスモともに上流部門も有しますが、その規模は小さいものです。

また、石油産業では、探鉱・開発など専門的な分野、タンカーやローリー等の輸送分野、製油所装置の保全メンテナンス分野などについては、契約ベースで専業会社を起用する例が多いです。

石油産業のサプライチェーンは、大規模な設備・装置の連鎖でもあります。その意味で、石油産業は典型的な**装置産業**であるといえます。こうした巨大設備の連鎖を環境保全に留意しつつ、安全かつ円滑に運営し、安定供給を図っていくことが石油産業の役割です。

石油のサプライチェーン

（上流）（下流）

原油の探鉱・開発　　原油生産　　原油輸送　　石油精製　　石油製品輸送　　石油製品販売

ワンポイントコラム

【石油産業の役割】　石油産業の最大の特徴は、長く広範囲にわたるサプライチェーンを有することです。油井から、給油所まで、地理的に長いだけでなく、時間的にも供給に時間がかかります。そうした中で、需要に合致するように調整しつつ、安定供給を確保してゆくことが、石油産業の役割です。

連産品特性と過当競争体質

石油産業にとって、宿命ともいえる二つの課題を説明します。一つは、原油の有する連産品特性、そして、もう一つは、巨大装置産業であることに起因する過当競争体質についてです。

● 連産品特性

通常、石油は、消費の用に供するためには、原油を精製し石油製品を製造する必要がありますが、特定の石油製品だけを生産することはできません。LPGからガソリン、灯油、軽油、重油とすべての製品が、世界各地で産出される原油の品質・性状によって、一定の割合で生産されます。こうした性質を**連産品特性**といいます。連産品とは、一つの製造工程から生産される二つ以上の製品のことをいい、石油は典型的な連産品ということができるのです。

ただ、原油によって各製品（**留分**）の採れる割合（**得率**）は異なるものの、製油所の装置構成や運転条件で、ある程度増減させることは可能です。重油留分の

多い**重質原油**から、軽質で付加価値の高いガソリンを増産できる装置を有することで競争力が向上します。

また、連産品として生産される各製品は、製品ごとに生産コストが計算できないことから、メーカーとしての石油精製会社は、コストを回収し収益を上げるためには、主製品と副生品ということではなく、各製品の付加価値に応じた原価配賦を行う必要があり、すべての製品から総合的に原価を回収すること（**総合原価主義**）が必要になります。

● 過当競争体質

石油産業は、上流から下流まで巨大な装置産業であり、特に、原油生産設備、石油精製設備は高額の設備投資が必要となり、コストに占める固定費割合が大き

くなります。そのため、装置に対する投資は過大になりがちであり、投資後は設備投資の回収のために、増産圧力がかかり過当競争体質に陥りがちです。

特に、上流の原油生産設備については、生産能力一杯のフル生産を行うのが通常であり、需給調整の役割を担っていた石油輸出国機構（OPEC）も、原油価格上昇期には生産協定違反の増産に走りがちでした。

また、下流の石油精製設備についても、単位製品当たりの変動費を小さくするために、増産のインセンティブが付きまといます。その結果、原油市場、石油製品市場共に、供給過剰状態が常態となっています。こうした事態を避けるためには、設備規模を需要に応じた適正水準に合わせることが必要になります。

● 石油産業のジレンマ

しかし、供給削減の緊急時や災害時の安定供給を考えれば、設備は大きめに持った方が良いのも事実です。このように、石油産業は、経営効率性・合理性からの要請と安定供給を中心とする公益的な要請の間で、ジレンマを抱えつつ操業しているのが現状です。

連産品特性

●原油得率と国内需要のギャップ

注：AL：アラビアンライト原油、わが国の標準的輸入原油
出所：各種資料より筆者作成

【石油業界の課題】　石油産業は過当競争に陥りがちですが、逆に、原油や石油製品の価格低下を防止するために、石油業界は供給者として価格協定や生産協定に走りがちで、カルテル体質であるとの批判もあります。こうした行為は、先進国では競争法（独占禁止法）違反であり、石油業界としては、襟を正していく必要があります。

石器時代が終わったのは
石がなくなったからではない

　1970〜80年代、"Mr.OPEC"といわれたサウジアラビアのヤマニ元石油相の言葉です。第1次石油危機で原油価格の支配権を得たOPECは、政策的必要性から恣意的に継続して原油価格の引き上げを行いました。そんな時期にヤマニ元石油相は、OPEC会議等で同僚の各国石油相たちに繰り返し語りました。原油価格を上げてばかりでは、石油代替技術や代替エネルギーが開発され、顧客（消費者・需要家）が石油離れを起こして、石油の埋蔵を残したまま、石油の時代が終ってしまうと警告しました。サウジは、そうした悪夢をさけるため、伝統的石油政策として、消費国への安定供給を重視し、穏健な原油価格の維持に努力してきました。80年代後半の原油価格低迷期に入り、長く、この言葉は聞かれませんでしたが、最近になって、新たな文脈で、多くのエコノミストやジャーナリスト等から聞かれるようになりました。地球温暖化対策のためのエネルギー転換や脱炭素化の進展から、大量の埋蔵を残したまま石油の時代は終わるであろうという意味です。2016年に気候変動に関するパリ協定が発効、2017年に乗用車の電動化推進を仏、英、中、インド等の国々が提唱、その後カーボンニュートラルに向けた動きが本価格化すると、特に意識されるようになりました。すでに、石炭については、ゴア米元副大統領が、「将来、無価値になる」と発言し、オックスフォード大学の環境系研究所が、わが国の石炭火力発電所は「座礁（回収不能）資産化」すると指摘しています。おそらく、脱炭素化の流れの中で、石炭の延長線上で、石油も同様の対象となるでしょう。また、世界の一部機関投資家は、ESG（環境・社会・ガバナンス）投資の観点から、石油を含む化石燃料関連プロジェクトからの「ダイベストメント」（投資の引き上げ）の動きが始まっています。大量の原油埋蔵量が無価値になり、回収不能資産化するという事態は、多くの産油国にとって、悪夢以外の何物でもありません。

　2020年1月、サウジアラビア国営石油会社「サウジ・アラムコ」は、限定的ながら、株式の新規上場（IPO）を行いました。筆者の見立ては、このIPOは、「原油埋蔵の座礁資産化回避のための現金化」、ないし、「世界各国の投資家との座礁資産化のリスクヘッジ」の第一歩ではないかということです。ただ、この見立てが正しいかは、わかりません。サウジのムハンマド皇太子に聞いてみるしかないでしょう。

石油産業の歴史

第3章では、約160年にわたる石油産業の歴史を振り返ります。

国際石油市場においては、需給調整の役割を誰かが担わないと、石油の安定供給が図れないだけでなく、価格の高騰や暴落を招いてしまいます。どのように、誰が需給調整を行ってきたかを中心に説明します。

また、技術の発達の中で、石油の役割の増大についても、考えてみたいと思います。

近代石油産業の成立

石油が近代産業として成立してから、160年が過ぎました。最初に、近代石油産業の成立と初期の状況を見てみましょう。

●ドレーク井

近代石油産業の成立は、1859年8月28日、元鉄道員の**エドウィン・ドレーク**が、米国ペンシルバニア州タイタスビルのオイルクリーク川岸で、回転式掘削機を用いて原油生産に成功したときに始まるといわれています。これを**ドレーク井**といいます。

この報を聞きつけ、タイタスビルには全米から一攫千金を夢見る人々が押しかけ、ゴールドラッシュならぬオイルラッシュの様相を呈したといわれます。タイタスビルには、原油の取引所が開設され、活発な取引が行われましたが、ブームによる供給過剰で早くも1862年には価格が暴落するなど、原油価格は成立初期から変動を繰り返しました。

●鯨油ランプ

当時の米国は、西部開発が進み太平洋岸に到達、フォロンティアが消滅した頃で、鯨油ランプの普及により鯨油不足になりつつありました。ペリー提督の浦賀来航（1853年）も、捕鯨船への水・食料・燃料の補給が目的でした。ドレーク井の成功が早かったら、米国による日本の開国はなかったかもしれません。

また、鯨油に代わる照明用燃料を生産するため、炭鉱の滲出油、油分の多い石炭や天然アスファルトを原料に**石炭油**（Coal Oil）を抽出するための簡易な蒸留釜が各地に存在し、多くは石油精製用に転用され、石炭油の生産技術が石油精製技術に応用されました。

この頃の石油の用途は、ランプ用の灯油と潤滑油に

限られ、ガソリンなどの留分は、あまりものでした。

● ジョン・D・ロックフェラー

こうした中、**ジョン・D・ロックフェラー**は、1870年、オハイオ・スタンダード・オイル（ソハイオ）を設立し、石油市場の集中を目指しました。

まず、産油地域における鉄道タンク車やパイプラインなどの輸送手段を傘下に収め、競争相手に対する差別的運賃（釣り上げ）で経営困難に陥れ、買収を繰り返したのです。その結果、1890年には、全米製油所の80％をその手中に収めたといわれています。

● ロシアの石油産業

米国での石油産業の発達に刺激されて、ロシアでも1870年代半ば頃から石油産業が発達しました。ノーベル兄弟は1875年、産油地帯であるバクー（現アゼルバイジャン）に製油所を設置、産油業にも参入、また、金融資本ロスチャイルド家も、鉄道建設を足場に、バクーの原油生産に進出しました。80年代には、欧州市場で、米国産灯油と競争を繰り広げました。

第3章　石油産業の歴史

写真でみる石油の歴史①

▲ジョン・D・ロックフェラー

▲灯油ランプ

▲ドレーク井

ワンポイントコラム

【近代石油産業の歴史に関する参考書籍】 近代石油産業の歴史については、著名な石油エコノミストであり、ピューリッツァー賞作家であるダニエル・ヤーギン著『石油の世紀』（NHK出版）が参考になります。

オイルメジャーの形成

2

米国で誕生した石油産業も、ロシア、そしてアジアに広がり、次々と大規模石油会社が登場しました。世紀初頭におけるそれら石油会社の成立と活動を概観しましょう。

●シェルの誕生

英国の貿易商マーカス・サミュエルは、日本を中心とする東洋貿易、特に貝殻（シェル）細工で財を成しましたが、1891年にロスチャイルド家と提携、東洋市場におけるロシア灯油の販売に乗り出し、1897年にはシェル運輸貿易会社（現在のシェル）を設立しました。また、1890年には、オランダのロイヤル・ダッチ社が設立され、蘭印（オランダ領東インド、現インドネシア）の石油開発を開始、東洋の灯油市場に、スタンダード、シェルに次ぐ、第三勢力として登場、激しい競争を繰り広げました。その後、1901年、シェルとロイヤル・ダッチが提携（**英蘭協定**）、1903年にはこれにロスチャイルドが参加、1907年

設立されました。

には、**ロイヤル・ダッチ・シェル**の設立で、一本化されました。その結果、世界の石油市場は、スタンダードとシェルが二大勢力として競合することになったのです。

また、英国人**ウイリアム・ダーシー**は、1908年、イランのマスジッド・イ・スレイマン油田を発見し、これを基に1909年、現在のBPの前身であるアングロ・ペルシャン石油を設立しました。

●スタンダード石油の分割解体

一方、米国では、1900年頃から、テキサス州やカリフォルニア州等で次々と油田が発見され、スタンダード石油以外にも、1902年に**テキサス社**（後のテキサコ）が、1907年に**ガルフ石油**が、それぞれ設立されました。

20

並行して、スタンダード石油は、米国内石油市場で企業統合を進めましたが、1911年に至り、持ち株会社としてのニュージャージー・スタンダード石油に、シャーマン反トラスト法（わが国の独占禁止法）違反の判決が下り、34社に分割され、スタンダード石油は解体されました。その中から、カリフォルニア・スタンダード石油（ソーカル、現在のシェブロン）やニューヨーク・スタンダード石油（ソコニー、後のモービル）などが誕生しました。

●セブン・シスターズ

こうして成立した、シェル、アングロ・ペルシャ、ニュージャージー・スタンダード（後のエクソン）、ソーカル、ソコニー、テキサス、ガルフの7社は、**セブン・シスターズ**（7人の魔女）と呼ばれます。また、これらの石油会社は、**オイル・メジャーズ**とも呼ばれ、国際石油資本として、世界各国で、上流から下流まで一貫操業を行いました。このように、20世紀初頭には、現在の産業体制につながる7大メジャーズによる産業体制が形成されたのです。

オイルメジャーの流れ

●当初の社名	セブンシスターズ		スーパーメジャーズ
スタンダードオフニュージャージー	エクソン(米)		
スタンダードオフニューヨーク(ソコニー)	モービル(米)	99年11月合併	エクソンモービル
テキサス石油	テキサコ(米)		
スタンダードオフカリフォルニア	ソーカル(米)		2001年10月合併
ガルフ	ガルフ(米)	シェブロン 84年3月合併	シェブロンテキサコ
ロイヤル・ダッチ	ロイヤル・ダッチ・シェル(英蘭)		ロイヤル・ダッチ・シェル
シェル運輸貿易会社	BP(英国)	BPアモコ 98年12月合併	BPアモコアルコ(bp)
アングロペルシャン石油	アモコ(米)	アルコ(米)	2000年4月合併
スタンダードオフインディアナ	トタール(仏)	トタールフィナ 98年12月合併	2000年2月合併 トタールフィナエルフ
フランス石油(CFP)	ペトロフィナ(ベルギー)	エルフアキテーヌ(仏)	
		2003年	トタール

出所:石油連盟「石油のQ&A」

ワンポイントコラム

【セブン・シスターズに関する参考書籍】　セブン・シスターズの誕生から石油危機までの歴史については、アンソニー・サンプソン著『セブン・シスターズ—不死身の国際石油資本—』（講談社）が参考になります。

第3章　石油産業の歴史

第一次世界大戦と国際石油カルテル

3

当初、石油の主要な用途は、ランプの灯油でしたが、20世紀に入り、自動車・航空機・船舶等の輸送用燃料に広がりました。しかし、それは同時に、軍需品としての石油の重要性を高めたのです。

●T型フォード

ドイツでは、1883年にダイムラーがガソリンエンジンを、1891年にディーゼルがディーゼルエンジンを発明しました。その後、1896年には米国人ヘンリー・フォードがガソリン自動車を製作し、1908年のT型フォードの発売で、自動車は量産化、大衆化され、米国では一挙に自動車が普及しました。1903年には米国人ライト兄弟が世界初の有人動力飛行に成功し、石油は航空用ガソリンの用途もできました。

●チャーチルの石油転換

第一次世界大戦を目前にして、1910年、英国のチャーチル海軍大臣は、軍艦の石炭から石油（重油）への燃料転換を決定しました。理由は、重量軽減と馬力向上による航行速度の向上、貯炭スペースの有効活用でした。エネルギー効率から見ても、明らかに石炭は石油に劣ります。また、チャーチルは、石炭が国産燃料であるのに対し石油は輸入が必要であるとの燃料の安定供給面からの燃料転換反対論に配慮して、1914年に、アングロ・ペルシャ石油を国有化しました。

●第一次世界大戦

第一次世界大戦は、初めての世界戦争であると同時に、近代戦争として新しい武器が登場しました。戦車、航空機が登場しましたし、兵站面ではトラック輸送が中心となりました。それらの燃料は石油製品であり、近代戦争を遂行するには、石油製品が必要不可欠

になりました。同時に、石油の需要拡大や戦略的重要性は、石油資源の獲得競争を激化させました。

● 国際石油カルテル

大戦後、石油開発が活発化し、米国、ソ連、ペルシャ、ベネズエラ等で新規油田が生産開始、1920年代半ばに供給過剰状態になり、27年には世界的に石油製品の値下げ競争が行われました。

そのため、1928年、ニュージャージー・スタンダード、シェル、アングロ・ペルシャの三社首脳は、英国のアクナキャリー城で米国以外の市場シェアを現状で固定する秘密協定（**現状維持協定**）を結びました。

また、同年、各国政府の黙認の下、トルコ石油参加会社（アングロ・ペルシャ、シェル、フランス石油、ニュージャージー・スタンダード、ソコニー）は、ペルシャ・クウェートを除く旧オスマン・トルコ領内での石油利権の共同所有・共同操業で合意しました。対象地域を地図上に赤線で囲んだことから、**赤線協定**と呼ばれます。こうしたオイル・メジャーズによる**国際カルテル**は、基本的に、第一次石油危機まで続きます。

写真でみる石油の歴史②

◀（左上）第一次世界大戦時の戦車
（右上）T型フォード
（左下）チャーチル首相
（右下）ライト兄弟、初の有人動力飛行

ワンポイントコラム

【軍艦の燃料に関する参考書籍】　司馬遼太郎著『坂の上の雲』（文芸春秋社）には、日露戦争の日本海海戦（1905年）の戦闘直前に東郷平八郎司令官が、軍艦の速度を上げ、操船を容易にするため、予備の石炭を海上投棄させたことが描写されています。また、日本の勝因の一つに、石炭品質（発熱量）の差をあげています。チャーチルの燃料転換の意味がよくわかります。

第二次世界大戦

4

戦争遂行に必要不可欠な戦略的物資としての性格を持った石油について、第二次世界大戦前後の動きと我が国の状況を見てみましょう。

● 持てる国・持たざる国

第一次世界大戦後、オイル・メジャーズによる国際石油市場の共同管理が進みましたが、同時に、石油の戦略的重要性の認識に基づいて、主要国政府は自国石油会社をバックアップするかたちで、石油資源へのアクセス確保を図りました。

第二次世界大戦が近づく中、後に戦勝国となる「連合国」は、米ソは自国内に、英仏は旧トルコ領の中東に石油へのアクセスを確保できましたが、敗戦国となる「枢軸国」は、日独伊3カ国とも石油資源へのアクセスはありませんでした。その意味で、第二次世界大戦は、石油を「持てる国」と「持たざる国」の闘いであり、戦う前から結果は見えていたともいえます。

● 太平洋戦争開戦

1939年9月、欧州で第二次世界大戦が始まりました。日本は、ドイツ、イタリアと翌年9月三国同盟を結びましたが、1941年7月、日本のフランス領インドシナ（ベトナム）侵攻を契機に、米国は日本に対して同年8月、石油の輸出を禁止、英国も、オランダも追随しました。1937年から戦争状態に入っていた中国を含めて、「ABCD包囲網」といわれました。結局、石油が禁輸されたので、わが国の社会経済が立ち行かなくなるということで、「無謀」な太平洋戦争に突入したといえるでしょう。

太平洋戦争開戦の2カ月前の内閣企画院の石油需給予測によると、開戦1年目は、民間内需140万K

Lと軍事需要380万KLで、これに対して、国産原油25万KL、備蓄840万KLのうち435万KLの取り崩し、さらに、満州で研究開発中の石炭液化「人造石油」30万KLと占領予定のオランダ領東インド（インドネシア）の「蘭印石油」30万KLで賄います。

そして、2年目以降は、蘭印石油を増産するというものでした。そのため、日本軍は、開戦のハワイ真珠湾奇襲（1941年12月8日）とほぼ同時に蘭印に進駐しています。当初、油田地帯や製油所設備を占領し、順調に石油を確保できていましたが、徐々に、南シナ海の制海権を失い、南方からの石油輸送は困難になってゆきました。なお、敗戦への転換点となったといわれるミッドウェイ海戦（1942年6月）の石油消費量は約100万KLだったといわれています。やはり、負けるべくして負けた戦争であったのでしょう。

● ドイツの場合

ナチスドイツによる3B政策（ベルリン・ビザンチン・バグダッドを結ぶ構想）も、ロンメル将軍の北アフリカ戦線も、石油へのアクセスを求めるものでした。

第3章│石油産業の歴史

写真でみる石油の歴史③

▲ ミッドウェイ海戦の米空母

▲ 蘭印作戦でジャワ島に上陸する日本軍

ワンポイントコラム

【太平洋戦争開戦に関する参考書籍】 猪瀬直樹（前東京都知事、ノンフィクション作家）著『1941年夏の敗戦』（中央公論新社）には、太平洋戦争開戦の状況、開戦時の石油需給の想定が詳しく言及されています。

中東の油田開発

第二次世界大戦前後、中東各地で新たな油田が発見されました。サウジの状況を中心に、その状況を見てみましょう。

● 中東の油田

中東における油田の発見は、米国、ロシア、インドネシア等と比較すると遅れました。中東最初の油田発見は1908年のイラン（ペルシャ）であり、1927年のイラク、1933年のバーレーン、1938年のサウジアラビア、クウェート、1962年のアラブ首長国連邦（UAE）と続きました。当初、イラン、イラクには地表面に油徴があり油田の存在が期待されましたが、アラビア半島には油徴はなく油田は存在しないと考えられていたのです。このように、発見が早かったイランを除いて、中東産油国の石油開発は、第二次世界大戦前後から本格化することになりました。

● 米サ同盟関係

サウジアラビア王国は1932年建国の翌年3月、英国への不信感から、米国のカリフォルニア・スタンダード石油に採掘権を与えました。その後テキサス社も参加、1938年3月に同国東部ダンマンにおいて初めての石油掘削に成功し、翌年4月からラスタヌラ港より出荷が開始されました。1944年には、操業会社は**アラムコ**（Arabian American Oil Company）と改称され、さらに、1948年にニュージャージースタンダード石油とソコニーが参加し、アラムコは米系メジャーズ4社による操業体制となりました。

また、ルーズベルト米大統領は、1945年2月、戦後の世界秩序を話し合ったヤルタ会談の帰途、スエ

●巨大油田の発見と日欧の戦後復興

ズ運河グレートビター湖停泊中の米巡洋艦クインシー号艦上で、サウジのアブドラアジズ（イブンサウド）初代国王と会談しました。その際、両国は、米系メジャーズによる米友好国への石油の安定供給とサウジアラビアの安全保障を相互保証することで合意されたといわれています。この両国の戦略的同盟関係は、湾岸危機で実証されましたが、9・11同時多発テロ、シェール革命、米国の中東離れを経て悪化、最近では最悪の状況にあります。

第二次世界大戦後も、1946年のクウェート・ブルガン油田、1951年のサウジ・ガワール油田など、中東では巨大油田で相次いで生産が開始され、世界の石油市場は供給過剰懸念が高まりました。同時に日欧では戦後の経済復興のため、石油需要が急増する方向にありました。そのため、中東の石油は欧州・日本向けに出荷することで、米国市場への影響を押えられたのです。わが国の戦後復興、経済成長も、潤沢な中東原油に支えられた結果であるといえるでしょう。

世界の主要油田（埋蔵量順）

	油田名	発見年	国名	可採埋蔵量（百万バレル）
1	ガワール　Ghawar	1948	サウジアラビア	66,058
2	ブルガン　Greater Burugan	1938	クウェート	59,000
3	ズアータ　Zuata Principal	1938	ベネズエラ	38,318
4	ルマイラ　Rumaila North & South	1953	イラク	24,000
5	サファニア　Safaniya	1951	サウジアラビア	21,145
6	ガシュラン　Gachsaran	1928	イラン	19,000
7	東バグダッド　Bast Baghdad	1976	イラク	18,000
8	アカール　Akal（Cantarell）	1977	メキシコ	17,485
9	マニファ　Manifa	1957	サウジアラビア	16,820
10	ザクム　Zakum	1964	アブダビ	16,702

出所：石油鉱業連盟

【サウジの油田開発に関する参考書籍】　ブノアメシャン著『砂漠の豹―イブン・サウド　サウジアラビア建国史』（みすず書房）には、サウジ建国の経緯、米国との同盟関係成立、油田開発の経緯などが言及されており、参考になります。

石油輸出国機構（OPEC）の誕生

6

第二次世界大戦後の石油市場の主役は、長らくオイル・メジャーズでしたが、70年代に入ると、資源ナショナリズムを背景に、OPECの勢力拡大により、メジャーの力にも陰りが見え始めました。

● メジャーズによる需給調整

第二次世界大戦後、復興による石油需要増加と中東原油の供給増加が続く中、メジャーズは、上流から下流までの一貫操業（**垂直統合**）による需給把握と国際カルテル（**水平統合**）による需給調整で、巧みに対応しました。1960年頃、メジャーズの世界市場シェアは、原油生産で約60％、製油所能力で約40％といわれました。しかし、シェアは、徐々に、新規参入の独立系石油会社に侵食され、市場支配は緩み、供給過剰状態となり、原油の実勢価格は軟調に推移しました。

● 利益折半方式

当初、メジャーズは、50年から80年の超長期の産油国との利権操業契約に基づき、バレル当たり数十セントの利権料だけで、1ドル後半の価格で販売できました。この仕組みに対する産油国側の不満が表面化、1950年前後より、ベネズエラやサウジ等の産油国から徐々に石油会社側と産油国の側で利益を折半する形で、石油収入を分かちあう**利益折半方式**に移行しました。1950年代には、原油実勢価格は公示価格を下回ることが常態化し、公示価格の引き下げで産油国の石油収入は減少し、その不満は拡大しました。

● OPECの創設と成果

こうした状況の中、メジャーズによる原油公示価格の引き下げを阻止、包括的な利権操業を見直し、産油国の資源主権を回復するため、1960年9月、イラ

ン、イラク、クウェート、サウジ、ベネズエラの5カ国は、**石油輸出国機構（OPEC）**を設立しました。しかし、60年代のメジャーズの実力は絶大で当初のOPECは、目立った実績は見られませんでした。

産油国側の主張が実現したのは、原油需給のタイト化、リビアの利権契約改訂の成功などを背景に、湾岸産油6カ国が、メジャーズと団体交渉を行い、1971年2月、①所得税率55％への引き上げ、②公示価格の引き上げ（アラビアンライト‥1・80＄／B→2・18＄／B）等を内容とする**テヘラン協定**を決めてからでした。従来メジャーズが一方的に決めていた公示価格を交渉で改訂させたことが画期的でした。石油危機直前には、原油公示価格は3・011＄／Bまで引き上げられました。

他方、資源ナショナリズムの考え方に基づく、メジャーズの操業会社に対する産油国の事業参加問題についても、1972年12月、サウジ等湾岸4カ国は、リヤド協定により、簿価の補償と原油買い戻し（Buy Back）を条件に、事業参加割合を増やし、1982年までに51％とするなど、着実に成果を上げていきました。

OPEC 加盟国

●現在、加盟国は13か国

イラク
リビア
アルジェリア
イラン
ベネズエラ
サウジアラビア
ナイジェリア
赤道ギニア
ガボン
コンゴ
アンゴラ
クウェート
UAE

ワンポイントコラム

【OPECに関する参考書籍】　ジェフリーロビンソン著『ヤマニ―石油外交秘録―』（ダイヤモンド社）には、元サウジアラビア石油大臣のザキ・ヤマニ本人に対するインタビューに基づき、OPEC設立から石油危機後までの状況が詳しく記述されています。

第一次石油危機

OPECの伸長、オイルメジャーの退潮が見え始めた70年代初め、国際石油市場の構造を一変させる出来事が起こりました、第一次石油危機です。その背景と状況を説明します。

●パレスチナ問題

ユダヤ人は、第一次世界大戦の頃には、パレスチナ帰還（シオニズム）運動が高まり、オスマン・トルコの崩壊もあって、故地へのユダヤ民族国家建国の期待が高まりましたが、英仏を中心とする列強の「二枚舌外交」によって、実現しませんでした。しかし、ナチスによるユダヤ人迫害を経験した第二次世界大戦後には、国連決議としてユダヤ民族国家としてのイスラエルの建国が認められました（1948年5月）。しかし同時に、パレスチナ人（アラブ民族）は故郷を追われました。また、国連決議では古都エルサレムは国際管理される予定でしたが、度重なる中東戦争でイスラエルは入植地を拡大すると共に、エルサレムを実効支

配しました。戦後はアラブ民族主義の高揚もあり、イスラエルと周辺アラブ諸国の対立が続きました。

●石油戦略の発動

そうした中、**第四次中東戦争**（1973年10月）が勃発し、これを契機とした、**第一次石油危機**は、わが国を含む先進石油消費国に大きな衝撃を与えました。**アラブ石油輸出国機構（OAPEC）**は、イスラエルと交戦するエジプト・シリアを支援するため、イスラエル友好国に対する石油の段階的供給削減・禁輸措置を通告したのです。いわゆる**石油戦略**の発動です。

結果的に、わが国では、対パレスチナ政策の転換（官房長官談話、1973年11月）によって、現実の供給途絶・削減には至りませんでしたが、その過程で、

石油の供給途絶の懸念から、給油所には長蛇の列ができ、トイレットペーパー等物資の不足や物価の高騰など経済に大きな混乱を招きました。当時、わが国の一次エネルギーに占める石油の割合は77％、電源構成に占める石油の割合は73％でした。

国際的には、原油の公式販売価格の引き上げが相次ぎ、基準原油価格（アラビアンライト）はバレル当り3ドルから12ドルへと約4倍に上昇しました。

● 第一次石油危機の評価

確かに、OAPECの石油戦略は、反イスラエル、パレスチナの不法占拠反対という「アラブの大義」を前面に掲げた政治闘争でしたが、同時に、アラブ産油国の結束は、原油公示価格の引き上げの実現、さらには「天然資源に対する恒久主権」（1962年、国連決議）の回復を進めるための経済闘争の一環でもありました。その結果、各産油国は原油価格の引き上げのみならず、石油資源に対する主権の回復を概ね達成しました。同時に、先進消費国はエネルギー安全保障を重視し、一斉に**脱石油政策**に舵を切ることとなりました。

原油の価格推移

●原油価格の推移（月平均）

単位：ドル／バレル

（グラフ内ラベル）
- アラビアンライト公式販売価格
- アラビアンライトスポット価格
- アラビアンライトネットバック価格
- ドバイスポット価格
- 第一次オイルショック
- 第二次オイルショック
- 第四次中東戦争
- サウジアラビア、ネットバック販売開始
- 標準原油廃止
- イラン・イラク戦争勃発（9月）
- イラン革命（2月）
- OPEC増産
- イラクのクウェート侵攻
- イラン停戦受諾
- アジアの経済危機
- OPEC・非OPECの減産
- 同時多発テロの発生
- サブプライムローン問題顕在化
- ハリケーン「カトリーナ」
- イラク戦争勃発
- リーマンショック
- アラブの春
- シェールオイルの増産
- OPEC・非OPECの減産
- 新型コロナウイルス感染拡大
- ロシアのウクライナ侵攻

'73 74 75 76 77 78 79 80 81 82 83 84 85 86 87 88 89 90 91 92 93 94 95 96 97 98 99 00 01 02 03 04 05 06 07 08 09 10 11 12 13 14 15 16 17 18 19 20 21 22 年
1972

出所：石油連盟「今日の石油産業」2022年

ワンポイントコラム

【石油危機に関する参考書籍】 堺屋太一（元経済企画庁長官、作家）著『油断』（文芸春秋社、日本経済新聞出版）は、石油危機のシミュレーション小説で、第1次石油危機発生前には原稿が完成していましたが、その事態が現実化したため、出版が1975年に延期された小説です。

第二次石油危機

第一次石油危機後、原油価格は高止まりを続けましたが、価格水準をさらに押し上げる事態が発生しました。イラン革命を契機とする**第二次石油危機**の発生です。

●イラン革命

第二次石油危機は、豊かな石油収入を背景に急激な近代化と権力の集中を図るイランのパーレビ国王に対する、ホメイニ師を指導者としたイスラム教シーア派による王政打倒の宗教革命（1979年2月）を契機としています。当初は労働者・学生を中心とする王政反対の民主化運動でしたが、最終的には、シーア派宗教勢力が、国王を追放、権力を掌握しました。

1978年秋からの石油労働者のストライキ等イラン国内の混乱から、一時的に日量約600万バレルの原油が出荷停止となり、供給削減の事態が続き、原油スポット価格は約12ドルから約40ドルの水準まで上昇しました。

●シーア派宗教革命

イスラム教では、宗教規範である経典「コーラン」が、社会規範・生活規範でもあるため、社会生活への宗教指導者の影響力が大きいです。イラン革命はイスラム法学者中心の政教一致の国家を実現しました。また、シーア派はイスラム教の少数派（信者約2割）で、主流派であるスンナ派（信者約8割）と大きな教義上の対立はないものの、預言者ムハンマドの後継者（最高指導者、カリフ）の資格として預言者の血統を重んじる考え方です。産油地帯が集中するアラビア（ペルシャ）湾の沿岸地方は、支配層のスンナ派より、むしろ少数派のシーア派住民の人口の方が多いのです。そのため、ペルシャ湾は「シーア派の海」といわれています。

●イラン・イラク戦争

イラン革命による国内不安定をチャンスと見たイラクのサダムフセイン大統領は、領土的野心に基づいて、シャトルアルアラブ川をめぐる両国の国境紛争を口実に、**イラン・イラク戦争**（1980年9月〜1988年8月）を起こしました。これは同時に、イランによるシーア派革命の「輸出」（伝播）を恐れるサウジ等湾岸王政諸国が、財政支援を行い、スンナ派政権のフセイン大統領にシーア派伸長を抑えてもらう戦争でもありました。

ただ、フセイン大統領が、国内的不満を国外に向けさせた側面があります。人口的にはイラク中部出身のフセイン大統領一派のスンナ派アラブ民族はむしろ少数派であり、主要な油田は、多数派であるシーア派の多い南部バスラ周辺とクルド民族の居住地である北部キルクーク周辺にあります。当初、戦争は、イラク優勢でしたが、イランも盛り返し、戦況は一進一退を続けました。戦争終盤には、イランによるタンカー攻撃も多発し最終的には、両国停戦となりました。

写真で見る石油の歴史④

●第1次石油危機
・第4次中東戦争で石油戦略を発動
・石油禁輸を通告
・原油価格は4倍に
・国内的には狂乱物価といわれ、トイレットペーパー騒動が発生

◀イスラエル軍

●第2次石油危機
・イラン革命で石油輸出停止
・原油価格は3倍に
・世界的に電力・産業の「石油離れ」顕著
・タンカー攻撃も発生

◀イランのホメイニ師

ワンポイントコラム

【イラン革命に関する参考書籍】 松本清張著『白と黒の革命』（文芸春秋社）は、パーレビ国王による近代化「白」とホメイニ師による宗教革命「黒」を描くノンフィクションノベルで、その時代のイラン情勢について参考になります。

逆オイルショック

二度の石油危機があった70年代石油需給は比較的堅調(タイト)に推移しましたが、一転、80年代需給は緩和(グラット)で推移しました。固定価格から変動価格へ80年代の国際石油市場を振り返ります。

●スイングプロデューサー

第二次石油危機後も、OPECは原油価格の引き上げを続けましたが、先進消費国は、燃料転換や省エネ等を本格化させ、価格上昇に伴う消費減退も目立ってきました。さらに、原油価格上昇で、新規油田開発が促進され、北海やアラスカ、メキシコ等の原油生産が本格化しました。国際石油市場は70年代の需給ひっ迫から一転、80年代には需給緩和に陥りました。

メジャーズは、一貫操業で需要を確実に把握し、原油の需給調整を的確に実施しましたが、OPEC各国は、原油販売だけで、需給調整を的確に実施できません。石油市場は上流と下流に分断されたのです。

1982年3月、OPECは原油公式販売価格を引き下げました。さらに、翌年には各国生産枠を設定、生産調整を開始しました。サウジは、需給を見ながら機動的に減産するスイングプロデューサー(生産調整役)を担いました。そのため、サウジは、基準原油価格を高めに維持、一国で減産を引き受けました。

●原油先物市場の登場

80年代初めは、過剰生産原油がスポット市場に大量に流入しました。その価格のリスクヘッジのため、1983年3月にはニューヨークのマーカンタイル商品取引所(NYMEX)が、11月にはロンドンのインターコンチネンタル取引所(ICE)が、**原油先物取引**を開始しました。原油のプライスリーダーは、OPEC公式販売価格から先物価格に変わったのです。

ワンポイントコラム

【逆オイルショックに関する参考書籍】 瀬木耿太郎著『石油を支配する者』(岩波書店)も、原油価格の形成を中心に、近代石油産業成立から逆オイルショックまでの歴史を詳説していますが、特に、ネットバック価格価格の説明が詳しく書かれています。

●ネットバック価格とフォーミュラ価格

サウジは、減産を続けた結果、イラン革命当時の1000万BD超から1985年夏には100万BDまで減産、財政は困窮、海水淡水化工場や発電所等インフラ維持にも支障を来たしました。サウジは減産に耐えられず、シェアを回復するとして、生産調整を放棄、同年10月には原油固定価格（公式販売価格）を廃止、石油製品の末端価格を合成して算出する理論的な原油価値を原油価格とする**ネットバック価格方式**を採用、販売攻勢をかけ、増産しました。12月のOPEC総会でも、各国の自由生産で合意、20ドル台の原油価格は、1986年夏に10ドル割れを記録します。

その後、86年12月のOPEC総会では、原油固定価格（18ドル）制と生産協定への復帰を決め、87年前半の原油市場は堅調に推移しましたが、生産協定への違反増産国が続出したため、88年サウジは、再び原油固定**価格方式**を放棄、今度は市場価格に連動した**フォーミュラ価格方式**による原油販売を開始、増産し、再び10ドル割れを招き、OPEC加盟国の結束を回復したのです。

原油価格の暴落（1980年代と2010年代の類似性）

	1980年代	2010年代
状況	85年12月27ドル➡86年7月12ドル➡87年7月21ドル（一時回復）➡88年10月14ドル（WTI先物月間平均）二段階の価格低迷	14年6月105ドル➡15年1月47ドル➡16年2月30ドル割れ➡18年10月76ドル➡20年3月20ドル（WTI先物月間平均）二段階の低迷？
背景	原油価格の高止まり ↓ 需給緩和の拡大 ・北海・アラスカ等新規生産 ・先進国の省エネ・燃料転換 【第一段階】 サウジ単独減産(Swing)の行き詰まり 【第二段階】 価格回復に伴うOPEC加盟国の違反増産の横行	原油価格の高止まり ↓ 需給緩和の拡大 ・シェールオイル増産 ・新興国経済の減速 ・新型ウィルス感染拡大に伴う経済停滞 【第一段階】 OPEC減産 (Call on OPEC)の行き詰まり 【第二段階】 OPECプラス協調減産(サ露協調)の一時的破綻
契機	サウジの需給調整放棄 ・85年10月サウジのネットバック方式採用 ・85年12月OPECシェア確保決議 ・87年の固定価格復帰、価格回復 ・87年サウジのフォーミュラ価格全面採用	サウジの需給調整放棄 ・14年10月サウジの調整金値下げ ・14年11月OPEC減産見送り・シェア戦略 ・17年1月～20年3月OPECプラスの協調減産 ・20年3月OPECプラスの協調一時決裂

第3章　石油産業の歴史

湾岸危機・戦争

国際石油市場の構造変化の中、OPECは需給調整機能を立て直しましたが、90年代から2000年代初めにかけては、イラクが、台風の目になりました。

●OPEC生産協定の復活

サウジが始めたフォーミュラ価格方式は、主要産油国に広がり、OPECによる原油価格維持は、需給調整（生産協定）を通じて行うこととなりました。また、サウジのスイングプロデューサー放棄で、OPECは、世界の石油需要から非OPEC生産を控除したOPEC需要（Call on OPEC）を計算し、これを生産上限として、各国に生産枠を割り当てることで、OPEC全体で需給調整を図ることになりました。石油の宿命として、需給調整機能を欠く石油市場は供給過剰と価格不安定を招きます。1988年11月のOPEC総会では、フォーミュラ価格を前提に、生産協定をまとめました。

●湾岸危機

1990年8月2日、イラクは突如クウェートに軍事侵攻、一日で全土を掌握しました。これも、フセイン大統領の領土的野心に基づく紛争で、クウェート併合後の「大イラク」は埋蔵量・生産量ともサウジに匹敵する石油大国になり得ることから、サウジに対する挑戦でもありました。同時に国内の経済的行き詰まりや国民の不満解消を狙ったものでした。

この事態に、8月6日、国連ではイラク・クウェートに対する経済制裁を決定、国際石油市場からは両国の石油生産約360万BDが喪失しましたが、サウジやアラブ首長国連邦（UAE）等の緊急増産により、大きな混乱なく対応されました。同日、サウジ政府

は、米国等の多国籍軍のサウジへの受け入れを決定しました。緊張の高まりで、20ドルを切る水準の原油価格は、90年秋には30ドル台半ばまで上昇しました。

● 湾岸戦争

90年12月の国連決議に基づくイラクに対する多国籍軍による軍事行動（1991年1月〜3月）により、クウェートは解放されましたが、多国籍軍がイラク領土を占領せず、フセイン政権を残したのは、イラクの国内分裂、あるいは、南部シーア派住民へのイランの影響力拡大を懸念した関係国の配慮がありました。また、1991年1月17日の**湾岸戦争**開戦にあたっては、国際エネルギー機関（IEA）は備蓄放出等による国際協調措置を発動し、約250万BD相当の石油の追加供給を行いました。この日、WTI原油先物価格は32ドルから20ドルに下落しました。開戦によって先行き不透明さが解消され、不確実性（リスク）が低減されたからでしょう。湾岸危機・戦争では、産消双方の努力で、危機的状況は回避されたのです。

第3章 石油産業の歴史

過去の石油危機時の状況

	第一次石油危機	第二次石油危機	湾岸危機・戦争
時期	1973.10-1979.8	1978.10-1982.4	1990.8-1991.2
経緯	第4次中東戦争でOAPECが石油戦略発動	イラン革命で原油輸出停止、タンカー攻撃発生	イラクのクウェート侵攻、経済制裁、戦争へ
原油価格（$/B）	3.0（73.10）⇒11.6（74.1）	12.8（78.9）⇒42.8（80.11）	17.1（90.7）⇒37.0（90.9）
ガソリン価格（¥/L）	114（75.5）	177（82.12）	142（90.11）
原油輸入量（百万KL）	289（73年度）	277（79年度	238（90年度）
一次エネの石油（%）	77.4（73年度）	71.5（79年度）	58.3（90年度）
原油の中東依存（%）	77.5（73年度）	75.9（79年度）	71.5（90年度）
備蓄水準（日数）	67（民67＋国0、73.10）	92（民85＋国7、78.12）	142（民88＋国54、90.12）
政府の対応	主に行政指導緊急時2法・備蓄法制定	民間備蓄義務量の軽減省エネ法・代エネ法制定	民間備蓄義務量の軽減国内生産へのシフト

出所：エネルギー統計等より著者作成

ワンポイントコラム

【アラビア石油カフジ鉱業所】　湾岸危機当時、クウェートとサウジアラビアの間の分割地帯（中立地帯）のカフジには、日本法人である「アラビア石油株式会社」の現地鉱業所がありました。約100名の日本人社員が、湾岸戦争の開戦当日まで現地に踏み止まり操業を続けたことは、日本人として忘れてはなりません。

メジャー再編と原油価格高騰

湾岸戦争後、国際石油市場は、OPECの需給調整により、20ドル弱の水準で安定的に推移しました。90年代終わりには、アジア通貨危機を契機とする原油価格低迷とメジャー石油会社の再編があり、2000年代には、新興国の成長を背景に、原油の金融商品化によって、原油価格は高騰しました。

●アジア通貨危機

1997年5月のタイ・バーツ暴落を契機に同年秋には**アジア通貨危機**が発生、世界経済が減速する中、OPECは12月には増産を決定し、原油価格は、1998年3月には10ドル台割れまで暴落しました。

そのため、OPECは、初めてロシア等の非加盟国にも減産を呼びかけると共に、目標価格帯25〜28ドルを設定し、原油価格の回復に努めました。通貨危機は、1998年9月には、ロシアに飛び火、原油価格の低迷もあって、デフォルト（支払停止）寸前まで行き、エリティン大統領が退陣しました。

●メジャー再編

原油価格の低迷は、石油会社の企業価値を低下させ、買収・合併が容易になり、メジャーズの再編を引き起こしました。1999年11月にはエクソンモービルが誕生、2001年10月にはシェブロンがテキサコを買収するなど、巨大石油企業の再編が相次ぎました。その結果7大メジャーズは、エクソンモービル、シェブロン、シェル、BP、トタールのスーパーメジャー5社に集約されました。

●原油価格の高騰

アジア通貨危機から立ち直った世界経済は、200

ワンポイントコラム

【エクソンとモービルの統合】 エクソンとモービルは、両社それぞれの子会社である東亜燃料工業の経営方針を両社社長が協議中、瓢箪から駒で、両社が統合することになったといわれています。

0年代**BRICS**（ブラジル、ロシア、インド、中国、南アフリカ）を中心とする新興国に牽引され、急成長を遂げ、石油需要も大きく増加、需給はひっ迫気味になりました。例えば、2000年から2010年の石油需要は、中国が470万BDから710万BD、インドが230万BDから320万BDと増加しています。

また、この頃、世界的な過剰流動性（金余り現象）を背景に、石油先物市場にも、各種機関投資家等が参入、取引残高が激増しました。そのような状況の中で、材料視されたのが、地政学リスクと**ピークオイル論**でした。資源制約を前提に、近い将来供給制約が始まるとするピークオイル論は、先物市場の原油価格上昇に拍車をかけました。需給要因・地政学要因・金融要因と3つの上げ要因によって、2000年代のWTI先物価格は、2000年代初頭の10ドル台後半から、ほぼ一貫して上昇を続け、2008年7月には147ドルの史上最高値を記録しました。

しかし、高値警戒感とその後のリーマンショックで、年末には40ドルの水準まで暴落しました。

石油をめぐる地政学リスク

ロシア
OPEC＋の協調減産
サウジ/イランとの接近
ウクライナ侵攻・長期化

中国
「一帯一路」政策・南シナ海進出
対米対立継続

イラン
経済制裁で経済悪化・国内混乱
核合意再建交渉中

米国
シェール革命で最大産油国
エネルギー自立実現
中東撤退・対サウジ関係悪化
イラン核合意再建交渉中

トルコ
エルドアンの強権政治

イラク
宗派・民族間対立
対イラン微妙

ホルムズ海峡

リビア
東西分裂・内戦中
不安定な原油生産

シリア
アサド政権回復
ロシア・イランの支持

イスラエル
ネタニヤフ強権政治
湾岸諸国と国交回復

イエメン
内戦中・サウジ攻撃

アラブ首長国連邦
ムハンマド大統領国内改革
サウジとの協調・COP28

ベネズエラ
産油量激減
経済制裁・破綻

サウジアラビア
ムハンマド皇太子国内改革
米国と関係悪化・イランの脅威
ロシアとの協調継続

カタール
独自外交・サッカーW杯開催
サウジ・UAE等と国交回復
OPEC脱退

2022年末時点

地政学リスクの時代

2000年代の原油価格上昇要因としては、BRICSを中心とする新興国の経済成長による石油需給ひっ迫や原油の金融商品化が指摘できますが、地政学リスクも脚光を浴びました。

● 9・11同時多発テロ

2001年9月11日、イスラム教スンナ派原理主義組織**アルカイダ**は、同時多発テロ*を起こしました。アルカイダは、アフガニスタン紛争（1978年〜1989年）におけるソ連の介入に対抗したアフガンゲリラを支援するためのサウジやエジプト等の義勇兵を中心とする組織であり、米国も積極的に支援していました。しかし、ソ連の撤退後、湾岸戦争時のイスラム教聖地を擁するサウジへの米国等異教徒の駐留に反発し、米国への攻撃を繰り返していました。

● イラク戦争

その後、米国は、大量破壊兵器の開発・保有、テロ支援を理由として、**イラク戦争**（2003年3月）でフセイン政権を崩壊させました。しかし米国の主導した「民主選挙」によって、イラクには、シーア派独裁政権が誕生し、イランとイラクの間には友好関係が成立、湾岸地域の国際関係を一変させました。米軍は、2003年12月サダムフセインを逮捕し、2006年12月処刑します。また、イラク新政権は、フセイン政権の関係者を排除したため、多数の軍人や官僚がイスラム国（IS）に合流、イラク各地には、ISの領域が出現しました。

● 地政学リスク

2002年10月、米国連邦準備制度理事会（FRB）は、中東地域の政治的・軍事的緊張を表現して、

12

地政学（的）リスクという用語を初めて用いました。地政学とは、一般に地理的条件がある国・地域の政治的・経済的・軍事的状況に与える影響について研究する学問であり、地政学リスクとは、地政学に係わる緊張・不確実性を指し、原油価格に影響を与えています。

●アラブの春

原油価格を再び100ドル前後の水準まで再び押し上げたのは、**アラブの春**[*]の緊張でした。2010年末から2011年春にかけて、北アフリカ・中東一帯に「アラブの春」の嵐が吹き荒れ、チュニジア、リビア、エジプトで政権交代、リビア・シリアでは内戦に発展しました。2011年3月のバハレーンのシーア派民衆蜂起はサウジ等の湾岸協力機構（GCC）軍が鎮圧し、湾岸王産油国への直接的波及は避けられました。アラブの春の結果、緊張の高まりによって、リーマンショック後の景気低迷で、30ドル近くまで低下していた原油価格は、100ドル前後まで回復しました。

中東における紛争例（1973 年以降）

第一次石油危機（1973年10月）	第四次中東戦争：アラブ 対 ユダヤ（イスラエル）
第二次石油危機（1979年2月）	イラン革命：シーア派 対 王政
イラン・イラク戦争 （1980年9月〜88年8月）	国境紛争：シーア 対 スンニ（宗教対立）、ペルシャ 対 アラブ（民族対立）
湾岸危機・湾岸戦争 （1990年8月〜91年3月）	イラク（フセイン政権）によるクウェート侵攻（侵略）
同時多発テロ（2001年9月11日）	アルカイダ（イスラム原理主義・スンニ派）の犯行
イラク戦争（2003年3月）	フセイン政権（スンニ派）打倒、「民主化」選挙→シーア派政権成立、イランの友好国化
アラブの春（2011年初め）	長期独裁政権崩壊（1月チュニジア、2月エジプト、3月リビア）、湾岸産油国への波及なし。3月からは、シリア内戦開始
イスラム国（IS）カリフ制宣言 （2014年6月）	IS指導者バグダディはカリフ制・イスラム原理主義に基づく統治を宣言、一時、イラクからシリアに及ぶ権力の空白地帯を支配。現在は壊滅状態
イエメン内戦（2015年1月）	アラブの春で大統領はサウジに亡命、2015年1月に反政府勢力フーシ派がクーデタ、5月にはサウジ・UAE等が介入、反政府側の背後にはイランが存在といわれ、サウジに報復攻撃

シェール革命

原油価格が高騰する中、革命的な技術革新が進行しました。「シェール革命」は、米国を世界最大の産油国にし、世界のエネルギーの供給構造・国際関係を大きく変えました。

●シェールガスとシェールオイル

シェールガス・オイルとは、通常の天然ガスや原油より深い地下2〜4000メートル程度の硬い頁岩（シェール）層から、水平方向への水平掘削技術や硬く緻密な地層を水圧で砕いてゆく水圧破砕技術を用いて生産される、非在来型の天然ガス・原油です。頁岩は、中生代前後に油ガスのもとになる生物が堆積した典型的な石油根源岩です。その意味では、シェールガス・オイルは、石油貯留岩に移動・集積されることなく、根源岩に封じ込まれたまま残留した油ガスを水とともに回収するものです。従来から存在は知られていましたが、コスト的・技術的制約から回収できませんでした。しかし、2000年代の原油価格高騰と技術

革新により商業生産が可能になった経緯があります。

当初、シェールガスの生産が先行していましたが、①増産で米国内価格が暴落したこと（原油価格は国際価格）、②シェールガスは輸送にガス・パイプラインが必要になること（石油は貨車輸送も可能）から、シェールオイルに徐々に移行されていくことになりました。

●シェールの特徴

特徴として、①堆積盆地で一定の頁岩層の集積があれば生産可能で、探鉱リスクが低いこと、②中東への資源の偏在がなく、エネルギー安全保障が向上すること、などが挙げられます。他方、③水圧破砕のためには大量の水が必要で、かつ破砕後の汚染水の適切な処理が必要です。そのため、地下水汚染が懸念されるとし

第3章　石油産業の歴史

て、英仏等一部の欧州諸国、カリフォルニア州やニューヨーク州等では、水圧破砕法は禁止されています。

シェール革命によって、米国は、10年間で石油生産は倍増、2014年、世界最大の産油国・産ガス国となり（BP統計・IEA統計）国際競争力は格段に向上しました。2019年末には、石油の純輸出国になりました。米国はエネルギーの自立化を達成したのです。

そして、米国の石油増産は国際石油市場の需給緩和を招き、2014年夏までは100ドル前後の水準だった原油価格は下落し、2015年春には40ドル近くまで低下しました。また、シェール革命による中東原油の重要性低下により、米軍の中東撤退が進みました。

●OPECのプラスの登場

原油価格の低下を見たOPECは、当初増産し安値競争で対抗しましたが、方針を転換、ロシア、メキシコ等非加盟10カ国に協調減産を呼びかけ、2017年から減産を実施しました。OPECは、主要な非加盟国と共に**OPECプラス**として、シェール革命による構造変化に対応し需給調整を再開したのです。

在来型石油の生産とシェールオイルの生産

●シェールオイル・シェールガス掘削の仕組み

出所：石油連盟「今日の石油産業」

【シェール革命に関する参考書籍】　ヤーギン著『エネルギーの世紀―探求―』（日本経済新聞出版）は、シェール革命を詳説し、「21世紀最大のイノベーション」と評価、シェール革命と福島第1原発事故以後の世界のエネルギー情勢を展望しています。

コロナ禍の影響

2020年の新型コロナウイルスの蔓延は、世界経済を混乱に陥れましたが、石油市場も大きな影響を受けました。原油価格の推移を中心に、その状況を見てみましょう。

● 新型コロナ肺炎の発生

2017年初からのOPECプラスの協調減産により、世界の石油需給は均衡に向かい、原油価格は順調に回復、2019年にはイランと米国の対立が激化、特に9月には、サウジの原油生産の中心部にある石油施設が、イランのドローン・ミサイル攻撃を受け、一時的に、サウジの原油生産の約半分が停止する事態も発生、2020年初には、イラン・米国の対立が一段と緊迫、60ドルを超えました。

そうした状況の中、2019年末、感染症が中国・重慶で発生、翌年1月には重慶が都市封鎖、瞬く間に世界中に感染、外出自粛、工場の操業停止、物流停滞などを通じて、世界的に経済は低迷しました。

● 原油価格の暴落と回復

世界的な感染蔓延は、2020年第2四半期が最盛期でしたが、その時期の世界の石油需要は前年比16・5％減、わが国の4月は同14・3％減となりました。

3月の段階で、OPECプラスは、需要減少に対応して、減産を協議しましたが、サウジとロシアの対立で減産協議は一時決裂したこともあり、原油価格は暴落し、4月には、NYの原油先物は、前代未聞のマイナス37ドルを記録しました（お金を払って原油を引き取ってもらう状態）。わが国が輸入する現物の中東原油も14ドルを付けました。前後して、OPECプラスも原油価格暴落の危機感から再結束、5月から過去最大規模の970万BDの減産を開始しました。

14

2020年後半からは、ウィズコロナの経済回復の中で、石油需要もが徐々に回復するとともに、OPECプラスの減産効果もあって、原油価格も回復、世界的な感染再拡大期には軟化したものの、2021年を通じて上昇を続け、77ドルで越年しました。

● 需給ひっ迫の発生

原油価格の上昇局面で、石油需要の回復に加え、産油国の増産遅延が発生しました。従来、産油国は、原油価格の回復とともに、生産水準も回復させるものでしたが、今回は、大多数の産油国の原油増産の設備能力（生産余力）が不足しており、思うように増産できない状態にあります。その原因は、設備投資の不足で、背景には金融機関のESG投資の考え方、産油国の設備の座礁資産化（無価値化）懸念など、脱炭素化の影響があるといわれています。また、一定規模の生産余力を有するサウジとUAEも増産には消極的で、OPECプラスの減産緩和（増産）も小幅なものでした。脱炭素化の前に、高値で売っておきたいのでしょう。

そのような中で、ウクライナ侵攻が始まったのです。

原油価格の短期的推移

単位：ドル／バレル

- コロナ禍による原油価格暴落
- 経済再開による原油価格上昇
- 3/7 米英対露石油禁輸
- 5/30 EU対露石油禁輸
- 1/23 新型コロナ武漢封鎖
- 2/24 ロシアウクライナ侵攻
- 10/5 OPEC＋大幅減産合意
- 123.70
- 128.80
- 4/12 OPEC＋減産970万BD合意
- ドバイ
- 6/14 米利上げ発表景気後退懸念
- 81.30
- 79.98
- WTI
- 2021年12月オミクロン感染再拡大
- 4/20 原油先物価格マイナス記録
- 7/18 OPEC＋月40万BD減産緩和合意
- 2020.4.20 WTI ▲37.63
- 2019年9月3日〜2022年12月2日

2020年　2021年　2022年

【最近の石油情勢に関する参考書籍】　最近の石油情勢については、ヤーギンの新著『新しい資源の世界地図』（東洋経済新報社）が詳しく、米国の最大産油国化、中国の海洋進出、OPECプラスの誕生、電気自動車の動向、脱炭素化の動きなど、石油を巡る地政学の変化をわかりやすく解説しています。

ソ連を倒した原油価格暴落

「ソビエト連邦とコメコン体制を崩壊させ、戦後の東西冷戦を終結させた最大の要因は、1980年代後半の原油価格暴落である」と、筆者は思っています。

ソ連時代も、現代も、ロシアの主な外貨獲得手段は、石油・天然ガス・石炭の輸出です。おそらく、財政収入の多くも、それらの輸出代金でしょう。1970年代から80年代前半、原油価格は、30ドル台で推移、時期によっては40ドル台に達していましたが、サウジの政策転換（スイングプロデューサー放棄・シェア回復政策）により、86年と88年に10ドル割れを経験し、その後も、10ドル台半ばに低迷しました。

他方、ソ連は、80年代を通じて、泥沼のアフガン戦争に介入、戦費負担があった上に、80年代前半には、レーガン大統領の宇宙軍事（スターウォーズ）構想に対抗して軍拡路線を走りました。そんな時期の原油価格暴落でした。1985年、最後の共産党書記長ゴルバチョフがペレストロイカ（再構築）を開始しても、どうにもなりませんでした。

また、東欧（コメコン）諸国とソ連の関係についても、冷戦期を通じて、東欧諸国は、ソ連との間で、工業製品を輸出し、化石燃料を安く輸入するという経済ブロックを形成していました。おそらく、原油価格の暴落で、化石燃料はソ連から輸入するより国際市場から調達した方が安くなったのでしょう。経済面でも、東欧のソ連離れは起こり、やがて、1990年秋のベルリンの壁崩壊に繋がるのでしょう。

1991年12月のソ連崩壊後のエリティン初代ロシア大統領も、97年のアジア通貨危機に起因する原油価格暴落で、債務支払停止寸前まで追い込まれ、政権を投げ出しました。その後を受けたプーチン大統領は、2000年代の原油価格高騰を追い風に国民的人気を得ましたが、シェール革命に伴う2014年以降の原油価格低迷で難しい舵取りを迫られていました。おそらく、プーチン大統領は、原油価格維持の政治的重要性をわかっているから、国営石油会社等現場の反対にもかかわらず、サウジと協調し、OPECプラスの協調減産に賛同してきたのでしょう。

筆者は、ソ連の統計が見つからず、冒頭の見立ての実証に挫折しました。ただ、外務省OBで作家の佐藤優氏は、産経新聞（2011年2月23日付）への投稿で、ゴルバチョフ氏が同氏にソ連解体の最大の要因は、「サウジアラビアによる原油増産だ（中略）原油価格が国家体制に与える影響の分析ができていなかった」と述べたとしています。

石油の安定供給

第4章では、石油の安定供給の重要性について考えます。

　まず、エネルギー安全保障と石油安定供給の意味、阻害要因としての地政学リスク、特にホルムズ海峡の問題を考えます。次に、そうした危機への対応体制を石油備蓄中心に述べ、産油国側の意識変化にも触れたいと思います。最後に、最近の流れとしての災害時の対応についても、考えてみます。

　この章では、石油資源の中東集中に起因する地政学リスクと産消双方の危機管理体制が大きなポイントになります。また、2022年に発生したウクライナ紛争についても、考えてみましょう。

エネルギー安全保障

国民生活と産業活動に不可欠な石油、そのため安定供給の確保は極めて重要です。石油の安定供給を考える前提として、エネルギー安全保障の意味と両者の関係を検討します。

●エネルギー安全保障と石油安定供給

エネルギーは、国防、食糧とともに、国家の存立にかかわる国家がその確保を保障すべきものです。

国際エネルギー機関（IEA）によれば、「エネルギー安全保障とは、エネルギー源を取得可能な価格で、中断されることなく入手できることである」と定義されています。また、資源エネルギー庁は、エネルギー安全保障の意義として、「国民生活、経済・社会活動、国防等に必要な『量』のエネルギーを、受容可能な『価格』で確保できること」を挙げています。いずれも、「必要とする数量のエネルギーを適正な価格で確保すること」という点で共通しています。

エネルギー安全保障では、特に、石油の安定供給が重視されます。その理由は、①石油の国民経済における重要性、特に輸送用などの非代替的用途が多いこと、②そのため、内外ともにエネルギー・構成でいまだに石油が最大シェアを占めていること、③歴史的に二度の石油危機等、供給削減事態が発生したことが指摘されます。

●石油資源の中東集中

特に、石油消費国においては、石油の埋蔵量の約半分、生産量の約3分の1が中東に集中していることから、中東における紛争やテロ等の発生のリスクの高さに注目し、調達面における安定供給確保に留意しています。特に、わが国では、原油輸入の90％近くが中東であり、安定供給の必要性が認識されています。

＊スンニ派　サウジアラビアを盟主とするイスラム教主流派。世界のイスラム教信者の約8割といわれる。

＊シーア派　イランを盟主とするイスラム教少数派。世界のイスラム教信者の約2割といわれる。教義的には大きな違いはないが、イスラム教指導者について、預言者ムハンマドの血統を重視する。

第4章 石油の安定供給

● 二回の石油危機の教訓

中東での紛争や政変が石油に影響を与えた事例として、1970年代の二度の石油危機が挙げられます。

第1次石油危機は第4次中東戦争、第2次石油危機はイラン革命が契機となりました。二度の石油危機を経験して、先進消費国は石油安定供給の重要性を認識し、燃料転換、省エネルギー、石油備蓄、自国石油開発などを開始しました。

中東地域は、油田が発見されるはるか以前から、海陸の東西交易の交差点として、戦略上の要衝であり、紛争が絶えることはありませんでした。第二次世界大戦前から、大規模油田が次々に発見され、戦後は日欧等の一大エネルギー供給地域となりました。その中東では、アラブ（パレスチナ）対ユダヤ（イスラエル）、スンニ派*（サウジ）対シーア派*（イラン）など、種々の対立軸に基づく紛争が多発しており、「地政学（的リスク）」の高い地域として認識されています。

わが国の主要原油輸入先

●原油輸入量（2021年度）

ロシア 3.6%
イラク 0.1%
中立地帯 0.3%
オマーン 0.7%
バーレーン 1.5%
カタール 7.8%
クウェート 8.4%

1億4,890万kl

サウジアラビア 37.3%
アラブ首長国連邦 36.4%

アメリカ 0.2%
中南米 1.8%
東南・中央アジア 1.0%
アフリカ 0.6%
オセアニア 0.3%

中東 92.5%

2021年度原油輸入量
149百kL／年
＝256万バレル／日
（1バレル＝159L）

中東依存度　　　　92.5%
ホルムズ依存度　約80%

出所：石油連盟（2022）

【中東の定義】 中東とは、明確な地理的定義があるわけではなく、欧州から見て近い東方と遠い東方の中間にあるとの意味で、論者や関係当事者により、範囲が異なる概念で、一般に、アフガンを除くインド以西の西アジアと北アフリカの国々といわれていますが、ここでは、わが国外務省に準じ、アラビア半島9か国とイスラエル、ヨルダン、レバノン、シリア、イラク、イラン、アフガン、トルコを指すことにします。

ホルムズ海峡

2

わが国の輸入原油の約8割は、ホルムズ海峡を通過しています。ホルムズ海峡は、石油輸送上の戦略的要衝であることから、その安全航行は、世界のエネルギー安全保障の必要条件です。

●ホルムズ海峡

ホルムズ海峡は、インド洋とペルシャ湾をつなぎ、イラン領とオマーン領（飛び地）に面した世界最大の石油輸送の戦略的要衝で、最狭部は34km、潮流が速いという地理的条件にあります。石油の輸送量は2100万バレル／日で、世界の石油需要の約2割、石油貿易の約4割が通過し、わが国の原油の約80％が通航しています。封鎖を行えば米軍が介入することが明らかであることから、自国の存生に関わる事態がない限り、周辺国政府による軍事的な封鎖は考えられませんが、偶発的事象に起因する航行の阻害、軍事的衝突の可能性は否定できません。

●イランと米国との対立

2018年5月、米国は一方的にイラン核合意（JCPOA）から脱退し、イランに対する経済制裁の再開を決めました。イラン核合意は、2016年7月、オバマ政権下で、国連常任理事国とドイツ（P5+1）がイランと合意した、イランによる核開発の凍結とその見返りとしての経済制裁の解除を内容とするものでしたがトランプ大統領は、内容の見直しを要求し、合意から脱退、イラン原油の輸入禁止など経済制裁を再開しました。イラン政府は、激しく反発、ウラン濃縮活動の再開など合意の一部履行停止で対抗しています。

2019年5月にはフジャイラ沖に停泊中の4隻

【石油輸送の戦略的要衝】　ホルムズ海峡以外にも、マラッカ・シンガポール海峡、バル・エル・マンデブ海峡、ジブラルタル海峡、ボスポラス海峡、スエズ運河、パナマ運河などがあります。

のタンカーが、6月にはオマーン湾を航行中の日本向けを含むタンカー2隻が、立て続けにホルムズ海峡出口付近で何者かに攻撃される事態が発生しました。さらに、6月20日はイランの革命防衛隊が米軍の無人偵察機を撃墜し、米軍による軍事報復寸前まで緊張が高まりました。その後、9月12日には、サウジの石油施設がドローンと巡航ミサイルで攻撃を受けましたが、イランによる攻撃であると見られています。バイデン政権は、核合意復帰に向け、再交渉を行っていますが、難航している模様です。

● サウジとイランの対立

湾岸地域の大きな地政学的リスクは、サウジアラビアとイランの対立です。両国は、湾岸地域の地域大国として、覇権を争うライバルであるだけでなく、イスラム教の宗派、民族、言語でも対立しています。

サウジ、UAE、クウェートともに、王家・支配層はスンニ派ですが、湾岸の産油地帯の住民はシーア派が多く、ペルシャ湾はシーア派の海とも呼ばれます。

湾岸王制諸国では「アラビア湾」といいます。

第4章　石油の安定供給

ホルムズ海峡をめぐる緊張

月日	最近の米国とイランの対立
2015年7月	イラン核合意成立
2018年5月	米国、核合意離脱表明
8月	対イラン経済制裁再開
11月	石油禁輸180日適用猶予
2019年4月	革命防衛隊をテロ組織認定
5月 5日	米軍空母・爆撃機を派遣
5月 8日	イラン、核合意一部履行停止
5月12日	フジャイラ沖タンカー4隻爆破
5月14日	サウジパイプライン施設攻撃
6月13日	オーマン湾でタンカー2隻爆破
6月20日	イラン、米無人偵察機を撃墜
6月24日	米、対イラン制裁強化
9月14日	サウジ石油施設攻撃
10月11日	紅海でイランタンカー爆破
2020年1月 2日	米軍、革命防衛隊司令官殺害
1月 8日	イラン、イラクの米軍基地攻撃

	サウジ	イラン
政治体制	君主制	イスラム民主制
民族・言語	アラブ	ペルシャ
イスラム宗派	スンニ派	シーア派
原油埋蔵量	2670億B	1656億B

ホルムズ海峡
2,100万バレル/日の石油輸送
世界で生産される石油の約20%
わが原油輸入の約80%

国際エネルギー機関（IEA）

3

石油危機の教訓に基づき、先進消費国は危機管理体制を整備すると共に、石油依存低減に向けた「脱石油政策」が推進されましたが、その中核となったのが、国際エネルギー機関（IEA）でした。

●IEAの役割

IEAは、1974年11月、経済開発協力機構（OECD）理事会決議により、国際エネルギー計画（IEP）協定の実施機関として設置されました。IEP協定は、前文・本文96条と緊急時備蓄に関する付属書からなる国際協定です。短期的には、石油の供給不足に備えて、備蓄・相互融通などの対応策を講じると共に、長期的には石油依存度低減を目的としています。

具体的には、①石油純輸入90日相当分の緊急時備蓄保有義務、②「緊急時石油融通システム」（ESS＊）構築、③エネルギー長期協力計画の策定、④国際石油市場に関する情報の収集・活用などが主な内容です。

当初はOPECに対抗するための先進石油消費国の協力機関として、キッシンジャー米国務長官（当時）の提唱によって設立されましたが、90年代以降は産消対話の窓口機関の役割を果たしており、最近では新興国や途上国との協力や温暖化対策にも積極的に取り組んでいます。また、IEAは、1974年、石油需要削減策として石油火力発電所の新設禁止を決議しました。ただ、2020年代に入り、脱炭素を重視するあまり安定供給を軽視しているとの批判も出ています。

●協調的緊急時対応措置（CERM）

緊急時対応としてのESSは、加盟国全体または一部で一定量（7%）以上の供給削減事態が発生した場合、加盟国間で石油の緊急融通を行うという制度的枠組みですが、手続きが硬直的かつ複雑で、米国独禁法

用語解説　＊ESS　Emergency Sharing Systemの略。
＊CERM　Co-ordinated Emergency Response Measuresの略。

との調整が必要となる問題点がありました。

そのため、イラン・イラク戦争激化を背景に、1984年7月、理事会は、ESSに至らない柔軟な対応策として、緊急時の初期段階で、加盟国の自主的参加による協調的な備蓄放出や消費抑制などを内容とする協調的緊急時対応措置（CERM＊）を承認しました。

●湾岸戦争における危機管理

IEAでは、湾岸危機発生直後から、加盟国間で情報交換を行うと共に、不測の事態に備えました。その後、91年1月17日の湾岸戦争開戦にあたっては、IEAは事前の合意に基づき、CERMを初めて発動し、米国の戦略石油備蓄（SPR）の約3300万B放出やわが国の備蓄法の民間石油備蓄義務4日分軽減（約240万KL＝約1500万B）等により、加盟国合計で約150万BD相当の石油を追加供給しました。

このように、湾岸危機・戦争においては、原油の供給削減事態への危機管理として、産油国側の原油余剰生産能力と消費国側の石油備蓄の十分な存在が有効であることが実証されたかたちとなりました。

第4章　石油の安定供給

国際エネルギー機関（IEA）の概要

- ●設置：1974年11月、第1次石油危機を教訓に先進消費国の協力機関として　OECDに設置。OECD加盟国がメンバー
- ●役割：①石油純輸入90日分の緊急時備蓄保有義務
　②緊急時石油融通システム（ESS）の構築
　③省エネ・燃料転換（脱石油政策）の推進
　④国際石油市場に関する情報交換・活用　等
- ●ESSは、加盟国で一定量（7％）以上の石油の供給削減が発生した場合、加盟国間で相互融通を行うもの
　ただ、手続きが硬直的で複雑なため、発動実績なし
- ●そのため、84年7月、ESSに至らない柔軟な対応策、協調的緊急時対応措置（CERM）を採用
　CERMは、加盟国の自主的参加による協調的な備蓄取り崩しや消費抑制等を内容とする。過去4度発動

ワンポイントコラム

【IEAのネットゼロ報告書】　2021年5月、IEAは、「Net Zero by 2050」報告書を発表し、2050年のCO_2排出実質ゼロ実現を前提とした行動計画（ロードマップ）を提言しました。これによれば、2021年中の油田開発を含む化石燃料関連プロジェクトへの投資停止、将来の石油供給に占めるOPEC産油国のシェア増大予想等が言及されています。

石油備蓄

4

　IEAの国際協調の前提は、加盟各国の石油備蓄の保有です。国際エネルギー計画（IEP）協定には、加盟国の備蓄の保有形態には言及していないことから、各国各様の備蓄形態で対応しています。

● 欧米の備蓄方式

　米国では、緊急時のエネルギー安全保障は政府が責任を持つべきであるとの考え方に基づき、政府備蓄として、エネルギー省（DOE*）が**戦略石油備蓄（SPR*）**を実施しています。各地に岩塩ドームの地下備蓄基地を有し、10億バレルを備蓄目標としていました。ただ、2019年末には米国は石油の純輸出国になったことから、IEAの備蓄義務はなくなりました。

　欧州では、民間石油会社の在庫から備蓄分を切り離すために、備蓄のための特別な協会・組合を設置し、石油会社に加入義務を課している例が多いです。フランスでは、石油会社に前年供給量の29・5%の備蓄を義務付け、官民で構成する**戦略石油備蓄委員会**

では、石油会社は、**備蓄協会（EBV）**への参加が義務付けられ、純輸入量の90日分の備蓄をシェア割りで費用負担しています。

（CPSSP）が費用を徴収し、**安全保障備蓄会社（SAGESS）**が備蓄を実施しています。また、ドイツ

● わが国の石油備蓄

　これに対して、わが国では、備蓄は長年**民間備蓄**と**国家備蓄**の2本立てで実施されてきました。

　本格的な備蓄は、1975年、第一次石油危機を教訓として**石油備蓄法**が制定されたことに始まります。同法は、石油精製・販売・輸入事業者に90日備蓄を目標とする民間石油備蓄を義務付けました。90日備蓄義務は1981年度初めに達成され、1993年度

＊DOE　Department of Energyの略。米国エネルギー省のこと。
＊SPR　Strategic Petroleum Reservesの略。米国の戦略石油備蓄のこと。
＊石油公団　現JOCMEC、エネルギー・金属鉱物資源機構。

86

第4章 石油の安定供給

放出が行われました。

なお、2022年のウクライナ戦争に伴う国際協調に当たっては、初めて国家備蓄原油の入札による備蓄用を認めつつ、緊急時にはわが国に優先供給します。

タンクを産油国国営石油会社に貸与し、平時は商業利して、産油国共同備蓄が開始されました。日本国内のました。さらに、2004年からは第3の備蓄形態と2月には5000万KLの国家石油備蓄目標を達成しよって1989年2月には3000万KL、1998年備蓄基地の建設や民間石油会社のタンクの借り上げに旧**石油公団** * が実施しており、全国10箇所の国家石油他方、国家石油備蓄については、1978年度から、

油価格の変動で企業収益に大きなブレが生じます。庫資産が肥大化し、収益が圧迫されるだけでなく、原た、石油会社には備蓄が操業在庫と混在するため、在アナウンス効果に欠くといった短所があります。まなる長所を持ちますが、備蓄放出が見えないことからの追加供給を行うことができ、機動的対応が可能と民間備蓄は緊急時には義務日数の軽減により市場へには義務は70日間に軽減され、現在に至っています。

主要先進国の備蓄日数とわが国の備蓄日数

● 主要先進国の備蓄日数（2022年9月）

	備蓄計	政府分	民間分
米国	2437	1656	781
オランダ	1268	870	398
英国	211	211	0
日本	222	92	129
韓国	196	102	94
ベルギー	181	91	168
イタリア	135	118	17
ドイツ	156	40	116
フランス	113	34	79
豪州	54	54	0
IEA合計	467	294	173

単位：日、合計は加盟国平均、純輸入国含む

● わが国の備蓄日数（2022年6月末）

種類	備蓄日数	備蓄数量
民間備蓄	81日	2,490万KL
国家備蓄	146日	4,463万KL
産油国共同備蓄	5日	166万KL
合計	232日	7,119万KL

注1：石油備蓄法に基づく備蓄日数は、IEA基準と計算が異なる。
注2：備蓄法基準の場合、需要量から、LPG、石化用ナフサ等を控除、総輸入量を基準
注3：IEA基準の場合、備蓄量からデッドストックを控除、純輸入量を基準

ワンポイントコラム

【産油国共同備蓄の対象】　産油国共同備蓄は、当初、サウジとUAEの2か国国営石油会社が対象でしたが、2020年にクウェート国営石油が参加しました。

産油国側の安定供給意識

数々の石油危機と原油価格の激動を経て、産油国も、需給均衡と原油価格の安定を通じて、消費国に安定供給を図ることで安定的需要を確保し、長期の相互依存関係を模索しました。しかし、その相互依存関係は、脱炭素の流れの中で崩れつつあるように思われます。

● 産消の相互依存関係

直接投資や貿易関係など、産油国と消費国の相互依存関係の深化も、産消間の紛争を抑止する機能があります。例えば、サウジはわが国の輸入額第5位（燃料等）で、輸出国としても自動車・情報機器等、重要な貿易相手国です。サウジに対しては、三菱化学（ジュベール）や住友化学（ラビーク）の石油化学合弁事業等の直接投資が行われました。

また、産油国は、80年代後半以降、製油所や流通網の買収等を通じて消費国石油市場への参入を活発化させ、原油の販路を確保すると共に、石油製品の安定供給にも留意することとなりました。現在、サウジ国

営石油は出光興産の大株主です。

● 原油生産余力の確保

また、イラン革命や湾岸戦争を通じてわかったことは、産油国側で原油の余剰生産設備を通じることの危機管理上の有効性でした。通常、余剰生産設備を持つことは、経営合理性に反し、会計・税制上も不利であり、先進国ではあり得ません。しかし、湾岸産油国では、伝統的に、安定供給の要請から生産余力を有してきました。特に、サウジは、常時200万BD規模の生産余力を持つことで、有事・供給不足時に備えてきました。しかし、近年、脱炭素化やESG投資の流れの中で、多くの産油国で投資不足から生産余力がな

くなっており、生産余力のあるサウジやUAEも、バイデン大統領の増産要請を無視するなど、脱炭素化を意識して原油価格の安定志向から高値志向に政策転換したように思われます。長期相互依存関係の前提が崩れたのかもしれません。

●バイパスパイプライン

さらに、サウジとUAEでは、ホルムズ海峡をバイパス（迂回）する石油輸送路確保にも取り組んでいます。サウジは、80年代のイラン・イラク戦争におけるタンカー攻撃を背景に、80年代半ばに、東部の湾岸産油地帯アブカイクから西部の紅海側の出荷基地ヤンブーまで、東西パイプライン（ペトロライン、延長約1200km、能力約500万BD）を供用させ、近年では約210万BDの軽質原油を輸送しています。

また、アブダビは、2010年代前半に、産油地帯のアブジャンからホルムズ海峡の外側オマーン湾に面したフジャイラ首長国への**アブダビ原油パイプライン**（延長約370km、輸送能力150万BD）を敷設し、約60万BDの水準で運転しています。

ホルムズ海峡の迂回パイプライン

ヤンブー
アブカイク
ホルムズ海峡
ラビーク
ジュベール
東西パイプライン
アブシャン
フジャイラ
アブダビ原油パイプライン

東西パイプライン
（ペトロライン）
　サウジの産油地帯、
　アブカイクから
　紅海側西部ヤンブー
　延長：約1200km
　能力：480万BD

アブダビ原油
パイプライン
　アブダビの産油地帯、
　アブシャンから
　インド洋側フジャイラ
　延長：約370km
　能力：180万BD

ワンポイントコラム

【UAEの日本向け原油輸出】　UAEの日本向け原油輸出の一定量は、アブダビ原油パイプライン経由だといわれています。UAE石油省次官は、近い将来、日本向け輸出の半分程度はパイプライン経由にしたいと発言しています。

ハリケーン・カトリーナと東日本大震災

6

湾岸戦争においては、石油備蓄の有効性が実証されましたが、その後、石油備蓄は、海外からの調達面の安全保障だけでなく、災害時の国内的な安定供給確保にも、その役割を拡大することとなっています。

●ハリケーン・カトリーナ

湾岸戦争後、IEAのCERMが発動されたのは、2005年9月、米国メキシコ湾岸を襲ったハリケーン・カトリーナによるものでした。メキシコ湾の沖合プラットフォームやメキシコ湾岸の製油所の操業停止で、供給障害が発生したため、米国政府の要請に基づき、国際協調が行われたもので、わが国も、民間備蓄義務日数が3日分軽減され、ガソリンや軽油が米国向けに緊急輸出されました。なお、米国内では2000年冬の北東部各州への寒波襲来時の経験に基づいて、同年7月からSPRに暖房油備蓄が追加され、2012年冬にはガソリンと暖房油が緊急放出されました。

本来、備蓄の活用は、産油国からの供給途絶を前提

に考えられたものでしたが、2000年代半ばごろから、災害時にも活用するという考え方が広がりました。

●東日本大震災

この考え方は、わが国でも、2011年の3・11東日本大震災時に援用されました。東日本の出荷基地（製油所・油槽所）のほとんどが停止したため、国内の製品備蓄を活用し、円滑に供給する趣旨で、備蓄法に基づき民間備蓄義務日数が25日分（3月14日〜3月20日）ないし3日分（3月21日〜5月20日）軽減されました。東日本大震災の被災地からの政府対策本部への支援物資要請の29％は燃料であり、電力や都市ガスが途絶する中、石油製品（LPGを含む）は、避難所等の暖房燃料、緊急車両の燃料、病院や発電所等

の非常用発電燃料などとしての役割を果たしました。

この教訓を踏まえ、12年11月には、**改正石油備蓄法**が施行され、従来の海外からの石油供給不足への対応に加え、災害による国内特定地域における供給不足への対応が、同法の目的規定に追加されました。また、石油会社に災害時の出荷基地の共同利用等の**災害時石油供給連携計画**の策定を義務付けると共に、ガソリンや灯油等の国家石油製品備蓄の拡充が行われました。さらに、石油会社には、系列ごとに、出荷基地から給油所に至る災害時の出荷機能の維持を中心とした**事業継続計画（BCP）**の策定や災害時対応訓練の定期的実施が求められています。

● 石油備蓄の役割の拡大

石油の国民生活や産業活動における役割を考えると、安定供給は消費者・需要家の手元に石油製品が届いて初めて達成されるものです。その意味で、石油の安定供給の概念が、海外からの調達面における安定供給確保だけでなく、国内流通面における安定供給確保にその役割が拡大されたといえます。

過去の備蓄放出事例

出来事	期間	備蓄義務軽減日数
第二次石油危機	1979.3-1980.1	個社の申請ベース
湾岸戦争＊	1991.1.17－1991.3.6	82日⇒78日（4日分）
ハリケーンカトリーナ＊	2005.9.7－2006.1.4	70日⇒67日（3日分）
東日本大震災	2011.3.14－2011.3.20	70日⇒45日（25日分）
	2011.3.21－2011.5.20	70日⇒67日（3日分）
リビア情勢緊迫＊	2011.6.24－2011.12.31	82日⇒78日（4日分）
ウクライナ侵攻＊	2022.3.10－2022.4.15	90日⇒86日（4日分）
	2022.4.16－2022.10.8	86日⇒83日（3日分）

注：＊印は、IEA/CERM として実施（国際協調）

【2012年の備蓄法改正】 2001年末に石油業法が廃止され、包括的に石油産業を規制する法律がなくなったため、大震災時の被災地への石油緊急輸送等政府の支援活動は、具体的な法律ではなく、行政指導として、業界の自主的協力で実施されました。2012年の備蓄法改正は、そのような法律の空白を埋める意味もありました。

ウクライナ侵攻とエネルギー安全保障　7

ロシアのウクライナ侵攻は、消費国にエネルギー安全保障の重要性とともに、地球温暖化対策との両立、エネルギー政策の難しさを再認識させるものでした。

● 経済制裁とエネルギー安全保障

2022年2月24日のロシアによるウクライナ軍事侵攻により、欧米先進国は、ロシアに対する経済制裁として、3月には英米両国が、5月には欧州連合（EU）と日本が、年末までにロシア産の石油と石炭の輸入を原則輸入禁止にしました。ロシアの戦費調達を難しくするためです。

しかし、天然ガスの輸入禁止は行われていません。欧州の天然ガス需要のロシアへの依存は35％と発電用や産業用燃料、暖房など、国民生活・産業活動に必要不可欠だからです。また、石油や石炭は、代替供給先が比較的容易に見つかりますが、天然ガスの場合、パイプライン経由の気体ガスにしても、タンカーによ

るLNGにしても、長期契約が中心で、スポット市場は限られており、代替調達は簡単ではありません。

ロシアは、ドイツ向けのバルト海経由のガスパイプラインの供給を停止するなど、経済制裁への対応措置として、エネルギーを「武器」に、欧州各国の結束に揺さぶりをかけています。また、先進国向けに輸出できなくなった原油は、中国やインドなど友好国向けに輸出が続いており、ロシアの産油量はわずかに減少しただけでした。

● 脱炭素政策との関係

欧州各国は、低炭素政策のために自国産石炭からロシア産天然ガスへの転換を進めてきたのです。発電用を中心に、CO_2排出量の多い自国産石炭から排出量

●これからのエネルギー政策

このように、ウクライナ紛争は、エネルギー価格高騰の問題を含めて、エネルギーの3E、すなわち、エネルギー安全保障、環境保全、経済性の重要性を再認識させるものでした。今後は、各国政府のバランスの取れたエネルギー政策の展開が期待されます。なお、戦争が長期化する中、旧ソ連のアフガニスタン侵攻時の前例が想起されます。原油価格高騰期にソ連はアフガンに介入・侵攻しました（1979年）が、長期化・泥沼化し、価格暴落後、撤退・事実上敗北しました（89年）。その戦費負担と国内厭戦ムードはソビエト連邦崩壊（91年）の大きな原因となりました。

の少ないロシア産天然ガスに転換してきたからです。侵攻後、ドイツでは、廃止を決めた原子力や石炭に回帰する動きも見られ、環境保護よりエネルギー安全保障を優先しています。長期的には、脱炭素社会の実現でロシアへのエネルギー供給の依存はなくなりますが、一時的には、EUの脱炭素政策は停滞せざるを得ないでしょう。

ENEOS 喜入

ワンポイントコラム

【ロシア産原油の輸出継続】　経済制裁で欧州に輸出できなくなった原油は、ほとんどが中国・インド・トルコ等に輸出がシフトしましたが、取引価格は、通常価格の30％割引で安値輸出されているといわれています。

政治と石油は分離

　2018年秋、サウジアラビアの著名記者ジャマール・カショギー氏がサウジの在イスタンブール総領事館で殺害され、国際的にサウジ政府への批判が高まったとき、サウジ高官が、石油供給で対抗できるとして、「石油戦略」の発動を示唆しました。その直後、当時のファリハ・エネルギー相は、「政治と石油は分離している」と発言し、明確にこれを否定したことがありました。2017年6月のOPEC総会でも、イランのザンガネ石油相が米国による核合意離脱に伴う経済制裁再開を非難した際、議長のマルズーキUAE石油相が、イランの発言をこの言葉で却下しました。

　この言葉も、もともとはヤマニ元石油相の発言とされていますが、サウジの石油政策を明確に表した言葉の一つです。サウジにとって、国際石油市場の安定が何より重要であるがゆえに、一時的な国際政治上の利害と石油政策とは切り離して、考えていきたいということでしょう。それだけ、サウジにとっては、安定的・長期的な石油収入の確保が重要なことであることを意味しています。

　サウジは、2016年1月の対イラン国交断絶後も、石油大臣同士は電話連絡を取り合っていましたし、2017年からのOPECプラスの協調減産開始時にもイランを生産割当の対象外にする配慮も見せました。考えてみれば、イラン・イラク戦争終結後の生産協定の復帰時もそうでした。石油の世界には、「油の交わりは血より濃い」という言葉もありますが、イランとサウジの地域大国としての覇権争いや宗派間争いの中にも、そういった一種の「油の仁義」といったものが感じられます。

　また、米国・ロシア・サウジの三大産油国間でも、「政治と石油は別」といった感じがします。石油政策面でサウジとロシアが協調したOPECプラスの敵は、明らかにシェアを拡大する米国のシェールオイルです。しかし、国際政治上あるいは安全保障面では、イランの脅威があるため、米国との同盟は必要です。石油で協調するロシアとイランの接近も気になるところです。石油政策と国際政治の一種のねじれを感じます。

　ただ、最近のサウジの行動を見ていると、長期的な安定供給政策が維持されるか疑問に思えることも多くなりました。例えば、従来であれば、原油価格高騰時には増産して価格安定を図るところ、バイデン大統領の増産要請（2022年8月）も無視し続けています。脱炭素に備えて政策転換を図っているのでしょうか。今後の国際石油市場の安定が心配になります。

国際石油市場と
原油価格

第5章では、国際石油市場と原油価格の形成について考えます。

まず、国際石油市場における需要と供給の現状・見通しを概観し、次に、原油価格の決定方式、変動要因を振り返るとともに、最後に、国際石油市場に大きな影響を与えてきたサウジアラビアの石油政策を考えます。

この章でも、国際石油市場における需給調整が大きなポイントになってきます。

石油の消費（需要）

1

石油産業の供給の前提は、消費者・需要家の石油製品に対する需要です。石油製品の需要に応じて、供給して行くことになります。最初に、国別・地域別の消費量やトレンド、今後の見通し等を考えてみます。

● 世界の石油需要

世界の石油需要が、2019年に初めて1億BDを超えましたが、2020年にはコロナ禍で9％減少しています。すでに2004年をピークに先進国の石油需要は減少していますが、アジアを中心に途上国の増加は著しく、当面、世界の石油需要は伸び続けるものと見られています。

2021年の石油需要は、米国1989万BD、中国1543万BD、インド502万BD、日本341万BDの順です。先進国と途上国の内訳は4484万BDと5283万BDですが、2000年時点では4520万BDと2650万BDで、2013年に逆転しています。特に2000年から2021年の需要の伸びは、中国で470万BDから3.3倍、インドで230万BDから2.2倍と増加しましたが、日本は510万BDから33％減少しています（IEA統計）。

他方、一次エネルギーに占める石油の割合は2021年に世界平均で33・6％、日本37・3％、米国38・0％、ドイツ33・1％と、おおむねトップのシェアを占めています。しかし、フランスは石油30・9％に対し原子力36・5％で、中国は石油19・4％に対し石炭54・7％であり、国情が反映されています（BP統計）。

● 用途別の消費

世界の用途別石油消費は、輸送用が56％（乗用車26％、貨物車18％、航空6％、海運5％）、工業用が18％（石化原料12％、工場燃料・蒸気用6％）、民生・業

務用が8％、発電用が6％、農業等その他用が12％です（IEA統計、2015年）。発電用、民生・業務用、工場燃料は代替が容易だが、石化原料、輸送用燃料の貨物車・航空・海運は代替が難しいとされています。

従来、輸送用燃料は石油がほぼ独占してきましたが、電気自動車の普及で、石油全体の4分の1が代替される可能性が出てきました。特に、途上国の消費の伸びは自動車が中心になるので、電気自動車の導入速度が、将来の石油需要の伸び、あるいは石油需要のピークに大きな影響を与えるものと考えられます。

● 長期石油需要見通し

脱炭素の流れを背景に、各種長期見通しが発表されていますが、脱炭素の実現時期や炭素価格の設定等の前提条件によって、大きく結果が異なっています。

脱炭素実現からバックキャストした見通しも多いようです。将来の石油需要見通しは、客観的な見通しというより、むしろ、政策目標ないし願望の表明に近いように思われます。ポイントは、途上国石油需要の増加とピークアウト時期になると考えられます。

第5章　国際石油市場と原油価格

世界石油需要の推移と見通し

	2000	2010	2019	2020	2030	2050
北米	23.5	22.2	22.7	20.1	17.7	6.8
米国	19.6	17.8	18.4	16.4	14.6	5.4
中南米	4.5	5.5	5.5	5.0	4.5	2.4
欧州	14.9	13.9	13.0	11.9	8.7	2.2
EU	13.1	10.6	9.7	8.9	6.2	1.3
アフリカ	2.2	3.3	4.0	3.6	4.6	4.3
中東	4.3	6.6	7.4	6.7	7.2	6.1
ユーラシア	3.1	3.2	3.8	3.7	4.0	2.6
ロシア	2.6	2.6	3.1	3.0	3.2	2.0
アジア太平洋	19.4	25.0	32.0	30.8	33.0	17.2
中国	4.7	8.8	13.1	13.3	13.6	5.9
インド	2.3	3.3	4.8	4.4	6.0	4.1
日本	5.1	4.2	3.4	3.1	2.4	0.8
東南アジア	3.1	4.0	5.1	4.7	5.6	3.2
国際船舶・航空	5.4	7.0	8.3	6.1	7.9	5.4
世界合計	77.3	86.7	96.6	87.9	87.6	47.0

単位：百万BD 、出所：IEA World Enegy Outlook 2022
注：2030年・2050年は持続可能シナリオによる。 2020年はコロナ禍で需要激減

ワンポイントコラム

【2000年代の原油価格上昇】　2000年代の価格上昇は、同時多発テロやイラク戦争など地政学リスク要因や原油先物市場への余剰資金の流入といった金融要因もありましたが、何といっても、BRICS等新興国の経済成長に伴う需要の急速な拡大という需給要因が大きかったと思われます。

原油の生産（供給）

2

石油製品の需要に応じて、供給を確保することが石油産業の役割ですが、次に、最近のOPECと主要産油国の動向を中心に、原油生産の現状を見ておきましょう。

●米国のシェールオイル増産

2018年、世界の原油（NGL等を含む）供給が、初めて1億BDを超えました。近年の原油生産で最も大きな変化は、米国のシェールオイル増産とそれに伴うOPEC等の対応です。

最近10年で、米国は、シェールオイルの増産により、石油生産量は倍増し、2014年には、世界最大の産油国となりました（IEA統計・BP統計による）。過去8年でみると、年間100万BDの増産を行ったことになります。シェールオイルの増産は続いており、2019年末ごろには、米国は石油の純輸出国になりました。2021年の米国産油量は、1683万BDでした（IEA統計）。また、2010年代前半、国際石油市場のシェアを回復するとして、減産見送り

でした。2021年の米国産油量は、1683万BDでした（IEA統計）。また、2010年代前半、

●OPECプラスの需給調整

2018年の世界石油生産の2位はロシアの1377万BD、3位はサウジの915万BDで、この3カ国の動向が国際石油市場に大きな影響を与えています。300万BD以上の産油国は、カナダ559万BD、イラク403万BD、中国406万BDの3カ国でした。

米国の増産に対し、OPECは、2014年11月、

シェールオイルの平均生産コストはバレル当たり60ドルを超えると見られていましたが、10年代半ばの生産性向上によって、40ドル程度まで低下したといわれています。

によって原油価格の安値戦争を仕掛け、100ドル水準の原油価格を50ドル程度まで引き下げると共に、需給調整の役割をコストの高いシェールオイルに押し付けようとしました。しかし、シェールオイルの生産性向上と産油各国の財政収入の激減により、OPEC側は方針を転換し、2017年初からは、ロシア等の非加盟主要産油国に呼び掛け、**OPECプラス**として協調して減産を行うことで、原油価格回復を図りました。2018年のOPECのシェアは35％ですが、減産参加の非加盟10カ国を含めると53％となり、減産効果が強化されるとともに、減産必要時のOPEC加盟各国の負担は軽減されることになりました。

なお、OPECプラスの各国は、国営石油会社への、政府指示による生産水準の変更が可能ですが、米国を含め先進国では、民間石油会社の、生産制限の合意への参加は、通常、独占禁止法違反となります。

当面、脱炭素化が本格化し、世界の石油需要がピークアウトするまでは、サウジとロシアを中心にOPECプラスが需給調整と原油価格維持を図る体制が続くと思われます。

最近の世界石油需給

石油需給の推移（IEA石油市場報告2023年1月号等より作成）　　単位：百万BD

区分	2013	2014	2015	2016	2017	2018	2019	2020	2021	2022	2023
需要　計	91.7	92.9	95.3	96.3	98.2	99.5	100.6	91.5	97.7	99.9	101.7
供給　計	91.2	93.7	96.4	96.9	97.6	100.3	100.6	93.8	95.3	100.1	*101.7
OPEC原油	30.6	30.7	31.4	32.4	31.5	31.4	29.6	25.7	26.4	29.1	*29.9
うちサウジ	9.4	9.5	10.1	10.4	10.0	10.3	9.8	9.2	9.2	10.6	NA
イラン	2.7	2.8	2.9	3.6	3.8	3.6	2.4	2.0	2.4	2.6	NA
イラク	3.1	3.3	4.0	4.4	4.5	4.6	4.7	4.1	4.0	4.5	NA
非OPEC	60.0	63.0	65.0	64.5	66.1	68.9	70.9	68.1	68.9	71.0	71.8
うち米国	10.2	12.0	13.0	12.5	13.3	15.5	17.2	16.6	16.9	18.0	19.0
ロシア	10.9	10.9	11.1	11.3	11.3	11.5	11.6	10.6	10.9	11.1	9.8
需給ギャップ	-0.5	0.8	1.1	0.6	-0.6	0.8	0.0	2.3	- 2.4	0.2	*0.0

注：＊は需給均衡を仮定した数字、OPEC/NGL は非 OPEC 生産に含む

ワンポイントコラム

【OPEC プラス】　米国のシェール革命による最大産油国化に対抗する組織で、サウジとロシアを中心としており、原油生産の2位、3位連合の意味もあります。ＯＰＥＣ非加盟産油国は、ロシア、アゼルバイジャン、カザフスタン、オマーン、バハレーン、メキシコ、マレーシア、ブルネイ、スーダン、南スーダンの10か国が参加しています。

市場連動の原油価格

3

生活に大きな影響を与える原油価格。原油価格の決定方式や原油価格の形成メカニズムを説明します。

● フォーミュラ価格方式

現在、わが国の輸入原油のほとんどはサウジアラビア国営石油会社（サウジ・アラムコ）・アブダビ国営石油会社（ADNOC）等の産油国国営石油会社から購入（輸入）しています。サウジ等多くの国営石油会社では、期間契約（タームコントラクト、1年以上の契約）に基づく原油販売価格は世界各地域の指標原油の先物価格あるいはスポット価格に「調整金」を加減して決定されています。調整金は当該原油と指標原油の品質格差と当該産油国の販売政策（増産時割引・減産時割増）を反映し、毎月変更されます。この価格決定方式を**フォーミュラ価格方式**といい、実際の原油輸入価格は各地域の指標価格の市場価格に連動しています。

原油価格は、第一次石油危機以前は国際石油会社が

定める公定価格、危機以降80年代半ばまではOPECの公式販売価格など固定価格でしたが、80年代後半以降は市場価格に連動しています。

● 指標原油価格

原油は、生産地から消費地までの輸送が必要なため、地域ごとに取引市場が成立しており、現在、北米（ニューヨーク）、欧州（ロンドン）、アジア（シンガポール）が主要な原油市場となっています。

指標原油とは、歴史的に、各地域の代表的原油として取引されてきた原油のことです。北米市場では**WTI原油**、欧州市場では**ブレント原油**、アジア市場では**ドバイ原油**が指標原油とされています。ただ、ドバイ原油の場合は、量的に先物取引の厚みを欠き、客観性に欠けるため、サウジアラムコは、オマーン原油とド

第5章　国際石油市場と原油価格

● 先物原油価格

フォーミュラ価格を通じて、現実に取引される原油価格も、事実上、先物価格で決定されています。

原油先物市場は、経済の新自由主義を背景に、石油危機を契機とするメジャー石油会社の原油支配の喪失の中で成立しました。スポット取引の発生やヘッジ取引の必要など現実の取引ニーズによって、1983年3月にニューヨークのマーカンタイル取引所（NYMEX）、同年11月にロンドンの国際石油取引所（IPE、現ICE）が開設されました。

先物取引は、大半の取引は約定日に差金決済されますが、制度的には現物引渡しも選択できることで、現物価格と先物価格の牽連性が担保されます。これを基礎にして、①当業者にとってのリスクヘッジ機能、②投資家にとっての資産運用機能、③結果としての市場における価格発見機能が成立し、先物価格により現物の価格が決定されることの合理性が認められます。

バイ原油の現物スポット取引価格の平均をアジア向け原油販売価格の指標としています。

指標原油の概要

	アメリカ	ヨーロッパ	アジア
指標原油	WTI	北海ブレント	ドバイ・オマーン（中東産原油）
生産量	約30万BD	約50万BD	ドバイ：約7万BD オマーン：約70万BD
API度	35〜50度	約38度	ドバイ：31度 オマーン：33.5度
先物市場	NYMEX（ニューヨーク商品取引所）	ICE（国際商品取引所）	SIMEX（シンガポール国際金融取引所）
特徴	貿易量は少なく米国のローカル原油、ただし先物取引量は5〜10億Bと大量プライスリーダーの役割	最も国際的原油ロンドンが中心だが、ロシア原油や北アフリカ原油にも影響	先物取引所は上海・東京にもあるが、取引はシンガポール中心。先物価格よりプラッツ社の評価価格に信頼

●フォーミュラ価格
　原油出荷（FOB）価格＝指標原油価格＋調整金

ワンポイントコラム

【WTI原油】　West Texas Intermediate原油（西テキサス中質原油）のこと。生産量はわずかながら、伝統的取引原油として、米国石油市場では、今日でも大きな影響力を持っています。

原油価格の変動要因

4

過去、原油価格は、上昇と下落を繰り返してきました。こうした原油価格の変動要因については、色々な見方がありますが、需給、地政学、金融・経済という三つの要因から分析する見方を紹介します。

●需給のファンダメンタルズ

原油価格変動の第一の要因として、原油市場における**需給のファンダメンタルズ**が挙げられます。原油も市場商品（Commodity）である以上、基本的に、原油価格は需給状況を反映することになります。

原油市場においても、供給過剰で需給が緩和している局面では原油価格は低下し、供給不足で需給がひっ迫している局面では上昇するという「市場メカニズム」が成立しています。例えば、2000年代には中国をはじめとする新興国の需要急増を反映し原油価格が上昇しましたが、2010年代半ばにはシェールオイル増産による供給過剰で原油価格は下落しました。

ところが、歴史的に、原油の需給はアンバランスになりがちなため、市場で影響力の大きいプレイヤーが需給調整の役割を担ってきました。例えば、第一次石油危機以前はメジャーが生産調整を行い、1980年代前半にはサウジアラビアが一国で減産を行い価格を維持しました。90年代以降は、OPECが生産カルテルとして世界需要見通しから非OPEC供給を控除した水準（Call on OPEC）に生産上限を設定してきましたが、2017年以降はOPECプラスが協調減産を行い、需給調整・価格維持を図っています。

●地政学要因

第二の要因として、石油資源が地理的に偏在している一方で、石油製品が国民経済に不可欠な基礎物資であり、国の安全保障に直結する戦略物資であるため、

ワンポイントコラム

【Call on OPECの変化】　需給調整状態のOPECプラスへの移行に伴い、上述の「OPEC」は「OPECプラス」に変化したといえます。例えば、Call on OPECは、実質的にはCall on OPEC Plusに変化しています。

国際政治的な要因として、**地政学要因**が原油価格に大きな影響を与えるものとされています。例えば、2011年の「アラブの春」の時期のように中東湾岸地域で政治的緊張が高まると原油価格は上昇するし、15年のイラン核合意から対イラン経済制裁解除の時期のように緊張が緩和すると原油価格は低下します。

● 金融・経済環境

第三の要因としての**金融・経済要因**については、2003年以降、世界的な余剰資金を背景に、原油先物市場が急拡大、金融市場における資金移動が原油価格の形成にも大きな影響を与えるようになり、原油の「金融商品化」が進みました。NYMEXでは、原油先物取引は一日当たり約5〜10億バレル相当と世界の原油需要(実需)の5〜10倍に匹敵する取り引きが行われています。一般に、金融の緩和局面や景気好調な局面では、リスク資産とされる原油先物への資金流入で原油価格が上昇する一方、金融引き締め局面や景気後退局面では、原油先物から安全資産への乗換えで、原油価格は低下します。

原油価格の変動要因

要因	商品特性	状況
需給要因	市場商品	基本的に原油は市場商品ゆえ、市場のファンダメンタルズで価格は決定。 需給ひっ迫で価格は上昇、需給緩和で価格は下降。 2000年代には新興国の需要増加で価格高騰、2010年代半ばにはシェールオイル増産で価格暴落。
地政学リスク	戦略商品	石油は国民経済に必要不可欠な一方で中東に偏在。 地政学要因の高まりで価格は上昇、緊張緩和で下降。 1970年代二度の石油危機で原油価格は高騰。 2011年のアラブの春、2019年のイランを巡る緊張で上昇
金融・経済要因	金融商品	商品先物市場の発達で石油は金融商品化。 2000年代には、世界的な金融緩和により原油先物市場に資金の流入が続き、継続的に価格上昇。 利上げに伴う景気後退懸念など経済リスクに対して、株価などとともに、投資リスクの大きい商品と認識。

OPEC原油需要(Call on OPEC)＝世界需要−非OPEC供給

サウジアラビアの石油政策

これまで、国際石油市場と原油価格に大きな影響を与えてきたサウジアラビアの石油政策を考えます。

最近は、脱炭素の流れの中で、その政策は大きく揺れています。

● サウジの伝統的石油政策

従来、サウジの石油政策は、合理的な原油価格による安定供給維持という、石油市場の安定を志向する穏健な政策でした。例えば、第一次石油危機でも、湾岸危機でも、緊急増産で危機回避に貢献しました。

これらの緊急増産を可能としたのは、平時におけるコストをかけた余剰生産能力の存在にあります。同時に、そうした石油政策は、世界最大の**在来型石油**の確認埋蔵量を背景に、国家の経済の石油依存を前提として、長期的・安定的な収益確保を確保すると共に、埋蔵石油を最後の一滴まで有効活用するという国家的要請に基づくものでもあり、消費者（国）の「石油離れ」を防止するとともに、「石油時代」の永続を目指すものです。

その意味では石油消費国との超長期の相互依存関係を前提とした石油政策を採用していたたといえます。

● シェア重視の戦略

また、サウジは、80年代前半、市場安定と原油価格維持の観点から、需給緩和局面において、需給調整役**スイングプロデューサー**として、一国で減産した時期がありました。そして、減産の深刻化によって、1985年、財政危機に陥り、スイングプロデューサーを放棄、増産に転じ、シェア重視の政策に転換しました。

その後、余剰生産能力を活用して意図的に大増産し、86年と88年に、10ドル割れの原油価格暴落を起こすことで、サウジのシェアを回復させ、石油需要増加

5

を図りました。それ以降、サウジは、①OPEC内の サウジ生産シェア、②石油市場のOPECシェア、③ エネルギー供給の石油シェア、の3つの面でのシェア 維持を意識してきました。

●「石油時代」の終わり

70年代から80年代前半、サウジのヤマニ元石油相 は、「石器時代が終ったのは、石がなくなったからでは ない」として、原油価格の引き上げは、需要減少「石 油離れ」を招くと反対しました。石油時代の終焉は、 枯渇ではなく、新技術の導入に伴う石油代替によって 起こるという意味です。この言葉は、電気自動車導入 等を背景に、新たな意味を持ってきました。

結局、世界的な脱炭素の流れはサウジの埋蔵石油の 「座礁資源化」（無価値化）を招き、長期の国家戦略の 前提を崩壊させることとなります。そのため、「稼げる 間に稼ぐ」との考え方で、安定志向の石油政策を放棄 したのでしょう。2022年夏には、高価志向への政 策転換で、バイデン大統領の増産要請を無視し続けま した。今後の国際石油市場の安定が懸念されます。

原油の価格推移

●原油価格の推移（月平均）

単位：ドル／バレル

出所：石油連盟「今日の石油産業」2022年

【サウジの余剰生産能力】　サウジの生産余力は、供給不足時の安全弁であるだけでな く、OPECの主導権の維持手段ともなっていました。OPEC産油国は、違反増産など でサウジを怒らせた場合、生産余力を利用した大増産による原油価格暴落という報復 がありうることから、サウジの意向には逆らえない側面もありました。

アラムコ IPO と「脱石油依存」

　2019年12月10日、サウジアラビア国営石油会社サウジ・アラムコは、国内株式市場に1.5%の新規株式上場(IPO)を行いました。企業価値も1兆8500億ドルと米国アップルを抜き世界一を、調達金額も256億ドルと中国アリババを抜き世界一を記録しました。上場二日目には、株価上昇により、企業価値も当初目標の2兆ドルを達成しましたが、その後は、原油価格の値下がりもあって、株価は低迷しています。この上場、新聞報道等では、ムハンマド皇太子が推進する国家改革プロジェクト「サウジアラビア・ビジョン2030」実施に必要な資金を調達するためとされています。ビジョン2030は、2016年4月策定されたもので、経済の石油依存脱却のため、非石油部門の振興や若年・女性の社会進出などを目指しています。

　しかし、ビジョン2030の核心は、「石油立国」から「投資立国」への転換にあるように思われます。サウジアラビアの国家体制は、サウド王家の権力の正統性をイスラム教の二つの聖地の守護者であることに求めたこと、そして、アブドラアジズ(イブン・サウド)大王が建国を進める過程で、国内宗教勢力と共闘したこと、また、各地の豪族との婚姻政策を展開したことで、国内宗教界と2～3万人といわれる王族の支持で成立しており、その二つの不労階級を維持しなければなりません。さらに、一般国民との関係では、絶対王政の下、人権と民主主義の引き換えとして、手厚い社会給付と生活保障を保証するという一種の「社会契約」が成立しているという説明がなされています。そうした莫大な国家維持コストの負担を可能にしてきたのは、生産コスト2.8ドル/Bの原油収入でした。言い換えれば、天然資源のレント(地代・賃料・剰余利益)です。そのため、永年、サウジは長期的な石油安定供給確保を重視してきたと理解されてきましたが、近年、先進国は、気候変動対策の観点から、脱炭素化に動き出しました。それは、莫大な石油埋蔵を有するサウジにとっては、大きなリスクになります。

　したがって、そのリスク軽減のために、国営石油会社の上場によって、埋蔵原油の「現金化」を図り、その現金を投資に回すことで、国家収入の源泉を資源のレントから投資のレントに置き換えるのが目的であるような気がします。国家としてのレントの源泉を資源から投資に置き換えるのが目的であるような気がします。

第**6**章

原油の開発と生産

　第6章から第9章までは、石油産業のサプライチェーンに沿った各論になります。石油が産油国の油田から、ガソリンスタンドや燃料店に届くまでをたどります。

　第6章では、石油の上流部門である原油の開発・生産について考えます。

　ます、石油の探鉱、掘削、生産といった技術の問題を取り上げます。次に、上流部門の特長である「ハイリスク・ハイリターン」を考えます。最後に、最近の話題である「非在来型石油」とわが国の海外石油開発について、取り上げたいと思います。

探鉱技術

数年がかりの調査と交渉を経て、開発鉱区の鉱業権取得に成功した場合、石油産業はその活動を地下の石油の鉱床を探す「探鉱」から開始します。

●地質調査

鉱床とは商業生産への移行が可能な地下の石油の集積のことですが、鉱床を探す探鉱には、地表面の状況を調べる**地質調査**と、より詳細に、地下に分布する岩石や地層の物理的特性を調べる**物理探査**があります。

まず、地表の地質を調査し、地下の地質構造を探知するデータを得ることが必要となります。地質調査というと、技師がハンマーを片手に露頭を一歩ずつ踏査して回る姿がイメージされます。いまでも、現地踏査の重要性は変わりませんが、人工衛星や航空機（ドローンを含む）によるリモートセンシングや写真解析の技術が発達したため、極地を含めて、地球上のほとんどの地域の地質分析が可能になっています。

●磁力探査と重力探査

物理探査には、**重力探査、磁力探査、地震探査**等がありますが、通常、地質調査に続いて、重力探査や磁力探査が行われます。石油のもとになる古代生物が堆積した**堆積盆地**を探すため、堆積盆地ではその基盤岩の方が磁性の強い性質を利用して磁気測定を行い、堆積盆地の形状を推定します。また、鉱床の典型的な地形である、山状で中央部に古い地層がある**背斜構造**は、岩石密度が高く周辺に比べて重力値が高い性質を利用して重力計を用いて探します。

●地震探査

石油鉱床の存在が有望な場合、地震探査によって根

源岩や貯留岩の構造など、さらに詳細な調査を行います。石油探査では**地震波探査反射法**が主流です。

通常、地震探査は、陸上の場合、爆薬や起震車の振動板で人工的に地震を起こし、ケーブルに一定間隔で取り付けられた受震器への地層の境界面から反射される地震波の伝わり方によって地下の構造を解明する方法です。海中の場合、地震探査船のエアガンによる地震波を探査船の曳航するケーブルに取り付けられた受震器で測定します。

地震探査によるデータに基づいて、従来は、一本の測線（ケーブル）で地層の一断面を把握する二次元（2D）解析が中心でしたが、近年では、複数の測線で広範囲の立体的な地下構造を把握できる三次元（3D）解析が行われます。さらに、3D解析に時間的要素を加えた四次元（4D）解析も可能です。また、こうした解析技術は生産開始後の適正な油層管理等にも活用されます。コンピューター高速化やコスト低減は、石油探査技術の革新をもたらし、より詳細な地下構造の把握が可能になりました。衛星測位システム（GPS）の発達も測量の精緻化と効率化をもたらしました。

石油探査の概念図

石油探鉱

①地質調査
　　現地踏査
　　リモートセンシング
②物理探査
　　・磁力探査
　　・重力探査
　　・地震探査
③評価
　　2次元・3次元解析

地震探査反射法概念図

探査船
ブイ
受振器
エアガン

技術革新　➡　探鉱リスク低減・回収率向上

ワンポイントコラム

【IT技術の発達】　1990年代から2000年代にかけてのコンピュータ技術の発達は、探鉱コストの低減だけでなく、探鉱リスクの低減や石油埋蔵量の追加発見にも貢献したといわれています。その意味で、石油産業は、IT（情報通信）技術の発達の大きな恩恵を受けたといえます。

石油の掘削

探鉱活動の結果、有望な鉱床であると判断された場合、次の段階である掘削作業に移行します。

● 試掘

探鉱技術の発達によって、石油開発のリスクは低減されましたが、今日でも、地下の石油の存在は、実際に井戸を掘ってみないとわかりません。そのため、石油鉱床の有無を確認する**試掘**を行います。**試掘井**は、予定深度まで掘り進めながら、採取試料（コア）や掘り屑（カッティングス）を精査します。その結果、石油の存在が確認されると、鉱床の範囲や埋蔵量を評価するために、さらに数本の**評価井**を掘削します。

● ロータリー掘削

一般に、油井の掘削には、**ロータリー方式**の掘削法が採用されています。ロータリー掘削は、掘り管（ドリル

パイプ）の先端に「ビット」といわれる刃先を付け、地上から掘り管を回転させ、ビットが回転することで地下の岩石を掘り進めていきます。ビットは、岩石の硬さに応じて種々の種類があります。掘削作業では、摩耗したビットの交換が煩雑で、一本9メートルの掘り管を三本継ぎの単位でやぐらに引き上げ、ビット交換後再び下さなければなりません。やぐらの高さは38〜45メートルになり、数千メートルに及ぶ掘り管の総重量は200トンを超えるので、堅固な構造も必要です。

また、掘削においては、**泥水（マッド）**の役割が重要になります。マッドは、循環しつつ、岩石の掘り屑を地上に運ぶと共に、ビットや掘り管を冷却したり、潤滑したりします。さらに、マッドは、地下の原油やガスの暴噴防止や掘削中の調査にも利用されています。

2

110

● 油田評価と開発計画

試掘井と評価井による試掘結果を含めた、石油鉱床の総合評価によって、商業生産の採算性が確認されると、油田の開発・生産計画が策定されます。そして、生産のための**生産井**が掘削され、出荷のための油ガス分離装置や配管、タンク等の設備が建設されるのです。採算性がないと判断されると、鉱区は放棄されます。

● 傾斜掘りと水平掘削

掘削の経済性や効率性の観点から、**傾斜掘り**の技術が発達しました。例えば、海洋開発のようにプラットフォームの一地点から数箇所に向かって掘削する場合や陸上でも垂直掘削できない場合には、坑井の方位と傾斜角度を制御しつつ、傾斜掘りが行われます。

また、一本の坑井から枝分かれして多数の坑井を掘削したり、油層中を水平方向に掘削したり（**水平掘削技術**）する技術も活用されています。サハリン沖開発では、陸上基地から海上11kmの地点まで、傾斜掘りによる**大偏距掘削**（ERD）が行われています。

ロータリー掘削機と水平掘削

ロータリー掘削
クラウンブロック
ジンポール
プラットホーム
第2プラットホーム
デッドライン
ロータリーホース
ケーシングフック
ロータリーマシーン
モーター
ポンプモーター
エンジン架台
ケーシングヘッド
ドリルパイプ
ケーシング
ビット

●水平掘削技術

出所：石油鉱業連盟

【傾斜掘り・水平掘削のニーズ】 陸地や島に近い海上油田の場合、海上施設を設置して掘削するより、陸から傾斜掘りや水平掘削をした方が、コストが安いのが通常です。

石油の生産

試掘に成功し、関連施設の建設が終ると、ようやく油田の操業、石油の生産が開始されます。

● 一次回収

鉱床の石油は、坑井を通じて地上に回収されます。通常、生産初期には、油層は十分な圧力を有していることから、井戸元のバルブを開くと石油は自噴してきます。このように自然のエネルギーの働きによる生産方法を**一次回収**といい、最も経済的な回収方法です。

しかし、生産が進むにつれて、油層の圧力が下がると、自噴量が減少するため、生産量の維持に、**人工採油法**や**坑井刺激法、二次回収・増進回収**を採用します。

人工採油法としては、地表からガスを坑井を通じて油層中の生産流体（石油）に吹き込み、回収効率を上げる**ガスリフト法**や、サッカーロットポンプやハイドロリックポンプなどで回収する**ポンプ法**などがありま

す。また、坑井刺激法としては、酸を油層に吹き込み溶解・洗浄することで生産向上を図る**酸処理法**や坑井から油層内に液体を高圧で流入させ地層に割れ目を入れて回収向上を図る**水圧破砕法**もあります。

● 二次回収・増進回収

油層内の噴出圧力を上げるために、油層に水あるいはガスを圧入することを**二次回収**といい、特に、水を圧入する場合を**水攻法**といいます。二酸化炭素を圧入ガスとして利用するプロジェクトも進んでいます。**増進回収（EOR）**とは、熱・化学薬品などを加えて、油の流動性を改善し回収率を向上させるものです。

鉱床の石油は全量回収できるわけではなく、油層内の石油の回収率は、一次回収では、資源量（原

●海洋石油開発

第二次世界大戦後、ペルシャ湾、メキシコ湾、北海、西アフリカ沖、ブラジル沖等で、大規模な海上油田が発見され、海洋石油開発が発達しました。

海洋掘削には、陸上に比べて特別な施設が必要で、コストも大きくなります。水深が浅いと、人工島が築かれて掘削装置（リグ）が置かれたり、プラットフォームから甲板昇降掘削装置（ジャッキアップリグ）が設置されたりして、掘削します。水深が深いと、半潜水型掘削装置や掘削船が使用されます。そして、海上での原油生産には、プラットフォームが設置されます。固定式と浮遊式があり、水深1000メートルを超える大水深開発では、浮遊式が利用されます。

始埋蔵量）のせいぜい30〜40％程度ですが、二次回収や増進回収によって50％、場合によっては60％程度まで回収が可能です。回収率の向上は、油田操業の採算性向上だけでなく、石油埋蔵量の増加にも貢献しています。

掘削坑井の種類

5km〜10km

掘削リグ

垂直井

傾斜井

海面

大偏距井

水平井

海底面

油層

出所：JOGMEC

ワンポイントコラム

【温暖化対策への活用】　石油増産のためだけでなく、温暖化対策のためにも、火力発電所等から回収した二酸化炭素をEORに活用するプロジェクトが世界各地で進んでいます。

ハイリスク・ハイリターン

石油開発の特徴は、巨額の投資が必要になると同時に、リスクも大きいという点です。しかし、ひとたび開発に成功すれば、そのリターンは大きいものです。

●巨額の投資

ダニエル・ヤーギンは、『石油の世紀』（1991年、NHK出版）で、石油から得られる収益を巨額の投資リスクに対する「報奨（Prize）」であると表現しています。また、井戸元のバルブやゲージのある構造物は、その形状が似ていることから、「クリスマスツリー」といわれますが、それは試掘に成功しプレゼントが約束されているからだと聞いたことがあります。

石油開発の投資額の大きさの例として、5000メートル級の試掘井の費用は一坑当たり20〜30億円で、炭鉱段階でプロジェクト当たり数十億円から百数十億円、開発に移行する場合には数千億円のコストが必要です。そのため、石油開発は、有望な鉱区を先取

し、十分な資本的蓄積がある国際石油資本（メジャーズ）や産油国・消費国の国営石油会社が主流となります。制約の中で、敗戦国として、後発のわが国の石油開発会社は健闘しているといえるかもしれません。

●地質リスク

石油開発に伴う主なリスクとしては、物理的意味での**地質リスク**、経済的意味での**原油価格・為替リスク**、政治的意味での**カントリーリスク**が挙げられます。

まず、地質リスクについては、探鉱・試掘の結果、油田が見つからない場合もあれば、発見されたとしても、評価の結果、商業生産に見合わず、鉱区を放棄せざるを得ない場合もあります。商業油田の発見率（成功率）は、かつては世界平均で約0・3％でした。技術革新

114

で向上したものの、まだリスクは大きいといえます。

● 経済リスク

また、石油開発では、鉱区取得から生産開始、投資開始から資金回収までに、通常5〜10年のリードタイムを要します。その間、原油価格の変動リスクがあります。また、わが国の場合、原油価格がドル建てのため、円・ドルの為替変動リスクも加わります。これらの変動で、油田操業の採算性は大きく変動するのです。原油価格が低迷する状況は、石油開発企業にとっては、まさにリスクが現実化し、厳しい経営環境ですが、逆に、鉱区取得にとってはチャンスとなります。

● カントリーリスク

さらに、石油開発は、中東やアジア・アフリカ等途上国で行われることが多く、戦争や地域紛争などで事業自体ができなくなることや政権交代等による資源政策が変更される事態も想定されます。例えば、イラン核開発疑惑への経済制裁で、わが国がアザデガン油田の開発から撤退せざるを得なくなったケースなどです。

第6章　原油の開発と生産

石油と天然ガスの産出地帯

オイルサンド地域
北極海地域
ティマン・ペチョラ地域
ウラル・ボルガ地域
西シベリア地域
東シベリア地域
ノース・スロープ
マッケンジーデルタ
北海地域
クック湾
西カナダ地域
カナダ東部沖合
中国西部
中国東北部
サハリン
カリフォルニア地域
アパラチア地域
北アフリカ地域
オルドス・四川地域
アメリカ中西部
メキシコ湾地域
マラカイボ地域
東ベネズエラ地域
西アフリカ地域
カスピ海地域
中東地域
インド南東沿岸域
東南アジア地域
ジャワ・スマトラ
チャコ盆地
カンポス地域
オーストラリア北西大陸棚
タラナキ盆地
アルゼンチン中南部
バス海峡地域

● 石油・天然ガス産出地帯
● 主要な油・ガス田
■ 主要な河川・湖沼

出所：石油鉱業連盟

 ワンポイントコラム

【脱炭素政策と投資不足】　最近では、脱炭素政策の進展により、石油開発に対する投資自体がリスクとされるようになり、ESG投資やSDGs経営の考え方に基づき、投資不足が発生し、将来の安定供給が懸念されています。

非在来型石油の登場

近年、カナダのオイルサンドやベネズエラのオリノコタールといった超重質油、またシェールオイル（タイトオイル）といった軽質油の生産が本格化し、国際石油市場に大きな影響を与えました。これらは、「非在来型石油」と呼ばれますが、ここでは超重質油を中心に紹介します。

● 非在来型石油

在来型石油とは、在来型の油田（貯留層）から自噴ないしポンプで採取される石油です。他方、**非在来型石油**とは、在来型石油の以外の石油のことをいいますが、その定義は明確になっているとは言い難いです。

2000年代の原油価格上昇と技術開発によって、一挙に実用化・商業化が進みました。また、非在来型石油の実用化によって、資源枯渇への懸念が一挙に後退したばかりではなく、非在来型石油の資源分布が米州に多いことから、エネルギー安全保障面からも、中東集中が軽減されるとして期待されました。

API＊度10以下の石油を**超重質油**といいますが、

超重質油の典型的な非在来型石油は、カナダとベネズエラから産出されます。超重質油の開発によって、ベネズエラはサウジを抜き世界最大の、カナダはサウジに次ぐ世界第3位の石油埋蔵国となりました。

● カナダのオイルサンド

カナダの**オイルサンド**は、アルバータ州に広がる油交じりの砂の層で、確認埋蔵量で約1700億バレルです。**ビチューメン**（超重質油）の採取方法は二通りあります。

一つは、**露天掘り**（Mining）で、表土を剥ぎ、大型ショベルでオイルサンドを取り出して砕き、熱湯で撹拌、遠心分離にかけビチューメンを採取する方法ですが、自

5

＊**API** API度とは、米国石油協会（American Petroleum Institute）が定めた原油の密度（比重）の指標です。API度＝{141.5/（密度60/60°F）}−131.5

116

● ベネズエラのオリノコタール

然破壊が甚大で、地表面を復元する必要があります。

もう一つは、露天掘りができない深いオイルサンド層（50ｍ以上）からビチューメンを採取する**油層内（In-Situ）回収法**で、油層内を流動しないビチューメンに熱を加えて流動性を高めて地上に回収するものです。その中で、特に、**SAGD法**（Steam Assisted Gravity Drainage）は、二本の水平坑井を上下約5ｍの間隔で水平区間1000ｍを掘削し、上位の水平井から高温高圧の水蒸気を圧入し、下位の水平井から流動性を高めたビチューメンを回収します。ビチューメンは、コンデンセート等とブレンドされたり、改質処理によって合成原油にされたりして、出荷されます。

ベネズエラ東部のオリノコ川北岸に広がるオリノコベルト地帯に分布する**オリノコタール**も、超重質油ですが、熱帯サバンナ地域の地下600～1000ｍに発達した鉱床で、高温の地層のため、流動性はあり、ポンプによる採取も可能です。ナフサで希釈し、専用製油所で、軽質化、脱硫等の処理を行い出荷されています。

石油系資源の可採資源量と生産コスト

生産コスト（バレル当たりドル／2012年価格）

石炭液化燃料（CTL）

タイトオイル（シェールオイル）

通常の増進石油回収

超重質油・アスファルト

油母頁岩（オイルシェール）

中東・北アフリカの石油

生産済み石油

他の地域の石油

超深海底油田

北極海域油田

CO₂による増進石油回収

ガス液化燃料（GTL）

1兆バレル　2兆バレル　3兆バレル　4兆バレル　5兆バレル　6兆バレル　7兆バレル　8兆バレル

技術的に回収可能な残存石油資源量

＜試算＞2013年生産量に対する残存資源年数

100年　　　　　　　200年

4.4兆　　　　　　　7.6兆

注1：IEA（World Energy Outlook,2013）をもとに作成
注2：残存資源年数は、IEA（Oil Market Report, jun 2014）の2013年石油供給量より、プロセッシングゲインとバイオ燃料を控除した87.4百万バレル／日（320億バレル／年）から試算

出所：石油連盟「今日の石油産業」

ワンポイントコラム

【ベネズエラへの経済制裁】　ベネズエラは、独裁政権に対する経済制裁により石油貿易を禁止され、原油輸出ができなくなっているだけでなく、ナフサの輸入ができなくなり、重質油の生産が激減しています。

海外石油自主開発

本章の終わりに、わが国の石油開発について、その歴史・現状・課題等を考えてみましょう。

●国内における石油開発

わが国においては、明治初期から、新潟県を中心に石油開発活動が行われて来ており、明治・大正期には、わが国も世界有数の産油国でした。現在でも、北海道、秋田県、新潟県では、原油の商業生産が行われていますが、2021年度のわが国の原油生産量は47万333 KLで、燃料油内需比0・3%に止まります。

●海外における石油開発

戦後の本邦企業による海外石油開発は、1960年のアラビア石油によるカフジ油田の発見に始まりますが、本邦企業が本格的に乗り出すころには、世界の有望鉱区は、すでに国際石油資本（メジャーズ）や各国

大手石油会社に押さえられており、1970年代の半ば以降は、資源ナショナリズムを背景に、産油国の国営石油会社主導で、厳しい条件の中での開発活動を余儀なくされる時代となっていました。

国内企業による海外での石油自主開発への参加は、①一定量のエネルギー資源を長期安定的に確保できること、②わが国と産油国との間の相互依存関係の構築・強化につながること、③産油国国営石油会社やメジャーズ等との事業連携基盤につながることなど、エネルギー安全保障上、大きな意義を有しています。

そのため、現在、中東、東南アジア、オーストラリア、アフリカ、南北アメリカ、旧ソ連邦諸国等、世界各地で140を超える石油開発プロジェクトを実施中で、そのうち約半分を超える70プロジェクト超が石油・天然ガ

スの生産を行っています。わが国の企業が権益を有する石油と天然ガスの**自主開発比率**は、わが国の内需の35・9％に達しています（2018年度）。**エネルギー基本計画**で、2030年の目標は50％以上とされました。

● 国内の石油開発会社

わが国の戦後の石油開発はアラビア石油を除いて、大きな成果はなく、石油開発への政策支援も石油危機後に本格化したため、後発でした。そのため、メジャーズのような一貫操業会社はなく、上流企業と下流企業の分断が見られ、国を代表する石油の**ナショナルフラッグカンパニー**は形成されませんでした。

現在、石油開発会社としては、国際石油開発帝石（ーNPEX）、ジャパン石油開発（JAPEX）が専業の二大会社であり、商社系として、三井石油開発、伊藤忠石油開発、三菱商事など、石油元売系として、JX石油開発、出光オイルアンドガス、コスモ石油開発などがあります。コスモ系のアブダビでの操業利権の延長・拡大やーNPEXによる豪州イクシスガス田の操業など、明るいニュースもあり、今後の活躍が期待されます。

ベトナム・ランドン油田

出所：JX石油開発プレスリリースより

【アラビア石油】　アラビア石油は、1961年の操業当初、世界初の本格的海上油田として注目されましたが、2000年にサウジアラビアと、2003年にクウェートとの利権延長交渉が決裂し、撤退を余儀なくされました。

歴史は繰り返す？

　原油価格は高騰と低迷を繰り返してきました。価格が上昇すると、投資が盛んにな
り、生産が増加する、そうなると、需給が緩和し、価格が低下し、投資不足になり、やが
て需給はひっ迫し価格は上昇する。石油産業はそれを繰り返してきた気がします。

　特に、1970年代以降は、それが15年周期で起こっています。1970年〜1985年の価格
高騰期の北海・アラスカ等の新規油田開発と燃料転換や省エネによる需要減少による
需給緩和で、1985年からは価格低迷期が始まり、サウジの増産を契機に、86年と88年
には二度の10ドル/B割れが発生します。90年代は、20ドル前後の水準で推移、97年
秋のアジア危機で再び低迷した後、2000年過ぎたころから、BRICS等新興国需要が伸
び、需給はひっ迫、高騰期が到来します。大量の投資資金の流入と、9.11同時多発テ
ロ、イラク戦争発生等地政学リスクの高まりもあり、原油価格は上昇を続け、2008年
夏にはWTI先物は147ドルの史上最高値を付けました。リーマンショックで、一時的
に原油価格は低下するものの、アラブの春の緊張で、原油は100ドルを回復、2014年夏
ごろまで高騰期が続きます。高騰期に技術開発が進んだシェールオイルによって、
2016年からは需給緩和、当面、価格低迷が続くと見られていました。コロナ禍以前に
は、脱炭素化の動きもあり、原油価格は長期低迷の予想が圧倒的でした。

　しかし、2020年には、コロナ禍による需要激減とOPECプラスの一時決裂で、先物
価格がマイナスをつけるなど、原油価格の暴落がありましたが、その後は、経済回復
に伴い原油価格も回復、ウクライナ侵攻もあって、原油価格は高止まりを続いていま
す。従来のパターンであった原油価格上昇時のOPEC産油国による違反増産（チー
ティング）も見られません。OPECプラスは結束して行動しているようです。脱炭素
を前に、産油国の行動も変わっているように思います。

　今後、脱炭素化、エネルギー転換の動きの中、長期的に原油価格がどう動くか、見通
しは難しいところです。ただ、忘れてはならないことは、先進国の石油需要はピーク
アウトし減少しているものの、途上国需要は今後も増え続け、世界需要もまだ増加を
続けるということです。増産投資が進まないことを見ても、世界需要がピークアウト
するまでは原油価格は堅調に推移するような気がします。

第**7**章

石油の輸入

第7章では、わが国の石油の輸入について考えます。

まず、戦後、石油政策の基本となって来た「消費地精製方式」

と中東からの原油輸送を取り上げます。次に、中東依存度の

高いわが国の原油輸入、さらに原油の種類とその選択を考え

ます。最後に石油製品の輸入を振り返りたいと思います。

消費地精製方式

わが国の国内原油生産は国内需要の約0.3%に過ぎず、99.7%は海外に依存しています。無資源国であるわが国が、石油の輸入について、どのような考え方に基づいて対応してきたか、紹介します。

● 消費地精製方式

戦後、わが国では、太平洋岸の製油所再開（1950年）以降、産油国から原油を輸入し、国内製油所で石油製品を精製するという**消費地精製方式**を基本とし、製品輸入は補完的に行われてきました。特に、石油業法制定（1962年）以降、政策的に国内精製による国内需給の完結を中心としてきました。

その背景には、中東における巨大油田の相次ぐ発見と太平洋戦争後のタンカー大型化による輸送費低減があり、潤沢な中東原油の市場を必要とするメジャー石油資本と戦後復興・経済成長に潤沢な石油を必要とするわが国の相互依存関係の成立がありました。

また、消費地精製方式の利点としては、①国際貿易では原油取引が主で、製品取引は従来時でも原油の方が入手容易で供給安定性が高いこと、②国内精製することで国内消費に合せた需給調整と環境規制等国内事情に合せた品質調整が可能となること、③原油タンカーの方が製品タンカーより大型で経済性が発揮できる（運賃が安い）こと、④原油を原料に石油製品を生産することで付加価値を国内に留保でき外貨の節約が可能になること、⑤製油所を中心に関連産業がコンビナートを形成することで地域振興に資すること、等が上げられます。

湾岸危機時（1990年第4四半期）には、原油価格30ドル台に対して、シンガポール市場で灯油は100ドル近くまで高騰したこと、2005年にはわが国では世界に先駆けて軽油の超低硫黄化（**サルファーフ**

リー）をしたこともあり、消費地精製方式は、今でも、安定供給上有効であり、十分に意味があります。

●製品供給の考え方

石油製品の供給の考え方については、各国各様で、わが国でも様々な変遷を経てきています。

先進石油消費国では、おおむね消費地精製方式が取られていますが、欧州では軽油乗用車が多いため、軽油を輸入し、ガソリンを輸出するポジションにあります。米国ではその逆でした。産油国では、輸出用製油所が立地していますが、イランやイラクでは国内精製能力が不足しガソリン等を輸入しています。シンガポールや韓国では、産油国から原油を輸入し、第三国に製品輸出する**中間地精製**が盛んです。

わが国では、明治中頃から、ランプ用灯油の需要の伸びと共に、国産原油の精製と製品輸入の組み合わせで対応、大正期から昭和初期にかけて、製品需要の増加で、輸入原油を精製する軍の燃料廠や民間製油所も増加しました。太平洋戦争後は、太平洋岸製油所の操業再開（1950年）まで、製品輸入で対応しました。

わが国の原油輸入量と OPEC 依存度・中東依存度の推移

単位：折れ線グラフは％、棒グラフは百万kl

（百万kl）

原油輸入量

OPEC依存度

中東依存度

石第一次油危機　石第二次油危機　湾岸危機　イラク戦争

出所：石油連盟「今日の石油産業」

ワンポイントコラム

【石油業法】　消費地精製方式を前提とする石油業法は1962年7月に制定されましたが、1990年代の規制緩和を背景に、2001年末をもって廃止されました。受給調整規制や標準額設定などが、規制的とされたのです。

タンカー輸送

産油国からわが国への石油輸送を支えるタンカーについて、その現状と課題を考えてみます。

●VLCC

わが国が輸入する原油は、原油タンカーで輸入されます。中東原油の場合、VLCC（Very Large Crude Career）と呼ばれる20〜32万載貨重量トン（DWT）の巨大原油船で輸送されます。東南アジアからの場合、出荷設備の関係から、7〜10万トン級のタンカーが使用されている場合が多いです。

標準的な25万トン級のVLCCで、全長約300メートル、横幅約60メートルと、東京タワー（333メートル）横倒しの全長、甲板はサッカーコート3面分という巨大なサイズですが、船内は自動化が進んでおり、船員は20名程度で、日本人が乗船する場合も、船長、航海士、機関士のオフィサーのみで、一般乗組員は外国人（フィリピン人等）の場合が多いです。

●中東から日本まで

中東産油国からの場合、日本までは、約1万2000km（6600マイル）、約21日間の航海で、VLCCは満船の場合、15ノット（時速27km/H）程度で航行します。途中、ホルムズ海峡、マラッカ・シンガポール海峡という二つの石油輸送上のチョークポイント（隘路）やインド洋等海賊の出没地帯も通ります。海賊多発地帯では、警備員の同乗を求めたり、海賊船の接近防止のため、舷側に消火栓で放水したりすることもあります。

タンカーは石油満載時には喫水（船底から海面までの高さ）が沈み甲板も低いが、空荷時には喫水が浅く

甲板も高くなります。マラッカ・シンガポール海峡では、水深が23mと浅く、満載時のVLCCの喫水は約20mなので、潮位によっては通過時刻の調整が必要になります。なお、1970年代には、32万トンを超えるULCC (Ultra Large Crude Career) も使用されましたが、喫水が深いため、インドネシアのロンボック海峡への迂回を余儀なくされていました。

● タンカーの環境安全対策

年を経るに従い、環境や安全の確保に向けた関心は高まっており、タンカー関係についても、国際海事機関（IMO）を中心に、年々規制が強化されてきました。

1989年のエクソン・バルディーズ号のアラスカにおける座礁事故を契機に、1996年の新造タンカーから、タンクの外壁を二重構造とする二重殻（**ダブルハル**）が義務付けられています。

タンカーには、通常の積荷保険と船体保険に加え、巨額の賠償が必要となる油濁事故に備えた油濁損害賠償保険もかかっており、荷主である石油産業を含めた拠出制度があります。

チョークポイントの現状

日本
クウェート
イラン
カタール
サウジアラビア
ホルムズ海峡
アラブ首長国連邦
マレーシア
マラッカ・シンガポール海峡
シンガポール

出所：石油連盟「調べてみよう 石油の活躍」

ワンポイントコラム

【中国の海洋進出】 中東から日本向けのタンカーは南シナ海を通過することから、近年では、中国の海洋進出が懸念されています。

わが国の原油輸入

3

次に、わが国の原油輸入の現状と今後の課題等について考えてみます。

● 高い中東依存

2021年度の原油輸入量は1億4890万KL（256万BD）と、コロナ禍からの需要回復で9年ぶりの前年度比増加しました。過去最高の1973年度の2億8900万KLからほぼ半減、バブル後のピークである1994年度の2億7400万から46％減少しました。

輸入国別でみると、2021年度は、サウジアラビア（37％）、アラブ首長国連邦（36％）、クウェート（8％）、ロシア（4％）の順です。経済制裁中のイラン、ベネズエラからの輸入はありませんでした。中東産油国への依存度は93％で、特に、サウジとUAEの二カ国に74％依存しています。

一般論として、特定の産油国への過度の供給依存は、

エネルギー安全保障上、リスクが大きいといえますが、サウジは世界最大の原油輸出国であり、また、UAEは利権操業を含めわが国石油開発会社が多数参入している友好国です。原油の輸出余力やわが国までの輸送距離（タンカー運賃）を考えると、サウジ、UAE等の中東産油国への原油の供給依存は、止むを得ない面があります。また、国内製油所は、永年の経緯から中東原油の処理に適した設計・装置構成をしています。

● 輸入先の多様化

わが国でも、原油供給源の多様化の努力は行っているものの、成果は挙がっていません。過去1980年代中ごろ、インドネシア、中国、メキシコなど、非中東諸国からの原油輸入を増加させ、中東依存度を68％ま

で減少させましたが、その後、中国が輸入国に転じ、インドネシアからの輸入も減少し、中東依存度は再び90％を超える状況となっています。

ワンポイントコラム 　**【ロシア産原油の輸入停止】**　ウクライナ侵攻に伴う経済制裁としてのロシア産原油の輸入禁止について、わが国は、5月の段階で国際的に合意していましたが、法律的には、12月からの実施となり、貿易管理令が改正されました。ただ、本邦各社は、既に輸入自粛により、6月以降はロシアからの輸入実績はありません。

で低下させましたが、これら3カ国は、経済成長に伴う国内石油需要の増加によって、輸出量が減少し、再び中東依存度が高まっています。

注目されるのは、ロシア産原油の増加です。**東シベリア太平洋（ESPO）原油**と呼ばれ、ロシアの極東太平洋岸ウラジオストック近くのコズミノ港出荷の原油で、2009年から出荷開始、毎年数量が増加し、2014年には輸入の9％に近いシェアを占めました。距離が近く、航海日数も3〜4日と運賃も安く、軽質の良質な原油でしたが、ロシアのウクライナ侵攻に伴い、2022年6月以降の輸入は停止されています。

また、今後の増加が期待されるのは、2016年年末の約40年振りの原油輸出の解禁に伴う米国産原油の輸入です。すでに、コンデンセート（天然ガス液、NGL）の輸入実績はありますが、今後、シェールオイル（タイトオイル）を含めた輸入の本格化が期待されます。なお、わが国の供給者別の原油輸入量は、産油国国営石油会社が圧倒的で、メジャー石油会社は激減しています。

わが国の国別原油輸入の推移

（注）：四捨五入の関係により100％にならない場合がある

出所：経済産業省「資源・エネルギー統計」

原油の種類と選択

4

原油は、産地や産出する地層によって、様々な種類があり、精製工程で生産できる製品の割合も異なります。原油の種類とわが国の石油会社がどのような考え方で、原油を調達しているか、紹介します。

● 軽質原油と重質原油

まず、原油で注目されるのは、その密度（比重）です。

通常、軽い原油の方がガソリン等の付加価値の高い軽質石油製品が多く生産でき、価格も高くなります。また、石油業界では、密度（比重）をAPI度という単位で表すことが多いです。API度は、密度（比重）の逆数で、数字が小さいほど重質原油、大きいほど軽質原油を表します。

一般に、米国や北海は軽質原油が多く、中東原油は重質原油が多いといわれます。

また、軽質原油と重質原油の価格差を重軽格差といいますが、最近では、代表的な重質原油の産地であるベネズエラとイランが米国の経済制裁を受け、原油産

出量が激減しており、重軽格差は縮まっています。

● スイート原油とサワー原油

次に、原油の品質でよく議論されるのは、硫黄の含有分です。石油業界では、硫黄分の多い原油をサワー原油、硫黄分の少ない原油をスイート原油、硫黄分の多い原油をサワー原油と呼んでいます。スイート原油の方が価格は高くなります。硫黄分の多い石油製品は、硫黄酸化物の排出が多くなるだけでなく、自動車のエンジン内では、排ガスを抑制するための触媒の働きを阻害することになるためです。

一般に、中東原油はサワー原油が多いです。そのため、わが国は世界有数の脱硫設備保有国であり、ガソリンや軽油のサルファーフリー化や船舶燃料の硫黄分規制にあたっても、諸外国と比較すると有利でした。

●原油選択

内外の石油精製会社は、このように種々の原油がある中で、自社製油所の設備を踏まえ、自社に対する各製品の需要を「安定的」かつ「経済的」に充たすような原油を選択・組み合わせて調達することになります。

特に、石油には連産品特性があり、特定の石油製品だけを増産できないにもかかわらず、消費者・需要家が必要とする量のエネルギーを合理的価格で供給する責務を有する石油精製会社にとっては、処理原油の選択は、石油製品の輸出入や製油所の設備構成の選択と並んで、需給の調整における重要な判断となります。

現在、わが国の石油精製会社の原油供給契約の8割は、原油調達面での安定供給を重視し、産油国国営石油会社との契約期間1年以上で更新が前提のターム（期間）契約です。したがって、残り約2割のスポット（当用）契約を機動的に活用して行く必要があります。スポット契約は、そのつどトレーダーや内外石油会社等から相対で契約しますが、通常、同油種のターム契約に比して、プレミアム（割増金）が付く場合が多いのです。

輸入原油の性状

●輸入原油の性状（平均）

地域	国名	API(60°F)	硫黄分(wt%)
中東	サウジアラビア	36.32	1.61
	アラブ首長国連邦	38.01	1.22
	カタール	37.22	1.60
	クウェート	32.84	2.34
	イラン	31.77	2.11
	バーレーン	28.93	2.67
東南アジア	インドネシア	32.76	0.14
欧州	ロシア	36.63	0.34
北米	アメリカ合衆国	40.10	0.50
中南米	メキシコ	23.02	3.35
大洋州	オーストラリア	32.54	0.10
	合計	35.89	1.51

●原油の分類

分類	API度
超軽質	39以上
軽質	34以上39未満
中質	30以上34未満
重質	25以上30未満
超重質	26未満

出所：石油連盟

ワンポイントコラム

【原油の単位換算】　1バレル≒159ℓ＝0.159kℓ、1kℓ＝1000ℓ≒6.29バレル例：原油輸入量（2021年度）＝149万kℓ/年×6.29÷365日≒257万バレル/日

石油製品の輸入

わが国では、永年、消費地精製方式に基づいて、原油輸入を主とし製品輸入を従としてきました。ここでは、製品輸出入自由化の経緯を振り返ってみます。

●ナフサ輸入自由化

70年代2回の石油危機による原油価格高騰に伴う国内石油製品の価格指導と標準額設定によって、石油化学原料用ナフサの価格は国際価格より高く設定され、国内石油化学業界は、素材不況の中、国際競争力を失うとして、①海外ナフサの輸入自由化、②ナフサへの石油税免除、③ナフサへの備蓄義務免除の3点を要求して、10年以上にわたり、石化業界と石油業界は対立を続けました（**ナフサ戦争**）。

結局、1983年に至り、通商産業省は、石油会社の代理商の形式で、石化業界の原料共同輸入会社の設立とナフサ価格の国際化を認めました。このときの石化業界の主張の核心は、石油業法の消費地精製主義

は石油製品の国内価格と国際価格を隔離させているということでした。また、国内精製会社にとっては、ナフサの輸入自由化は、ガソリン需要の増加の中、軽質（揮発油）留分の需給調整の手段ともなりました。

●特定石油製品輸入暫定措置法

80年代半ば、サウジ等の産油国で輸出製油所が相次いで運転開始されることから、国際エネルギー機関（IEA）では、新規製油所の生産製品の日米欧三極による円滑な受け入れの必要性が唱えられました。

そのための環境整備として、わが国では、1986年、ガソリン・灯油・軽油の輸入について、代替生産能力・品質調整能力・貯蔵能力の保有を要件とする、向こう10年間を期限とする**特定石油製品輸入暫定措置法**

130

●公取委の合併承認と市場間裁定

2016年12月、公正取引委員会は、JXTGエネルギーと出光昭和シェルの2件の経営統合について、製品輸入促進措置を実質的な合併条件として、これを認めました。すなわち、製品輸入が円滑に進み、国内市場と海外市場間に価格裁定が行われれば、寡占による市場制限には至らないと判断したことになります。

（特石法）が制定されました。同法は製品輸入を拡大するものでしたが、輸入主体は実質的に石油精製会社に限定され、価格指導や標準額で形成されたガソリン独歩高の独特な国内製品価格体系は維持されました。

しかし、90年代の内外価格差の是正に向けた動きの中、特石法は当初予定どおり1996年3月末で廃止され、4月から製品輸入は自由化されることになり、価格の国際競争力の観点から石油業界では国内製品価格体系の是正が急務となりました。そのため、ガソリン価格の引き下げの一方で灯油・軽油価格の引き上げが行われましたが、ガソリンの流通マージンが極端に圧縮され、ガソリンスタンド減少の契機となりました。

わが国の石油製品別輸入量の推移

凡例: ■ガソリン ■ナフサ ■ジェット燃料油 □灯油 □軽油 ■A重油 ■B・C重油

単位：KL

年度	ガソリン	ナフサ	ジェット燃料油	灯油	軽油	A重油	B・C重油	合計
2002年度	1,602	30,260	78	912	2,838	874	1,198	37,763
2006年度	2,261	28,855	560	103	247・79	3,169		35,273
2010年度	1,098	27,248	444・1,053	192・43	3,023			33,100
2014年度	1,508	26,821	1,370	562・91	4,635			35,089
2018年度	2,138	27,288	304・657	82・1,790	1,899			34,158
2020年度	3,014	28,853	79・115	2,718・1,449	606			36,834
2021年度	2,801	29,351	127・1,522	1,713・144	1,261			36,919

（注）：四捨五入の関係により100%にならない場合がある　　出所：経済産業省「資源・エネルギー統計」

ワンポイントコラム　【石油製品輸入の状況】　2021年度のわが国の石油製品輸入は36,919KLと内需比24%に達しています。特に、ナフサは29,351KLと同70%で、大きくなっています。

無資源国の優位性

　資源の世界には、「オランダ病」あるいは「資源の呪い」といった言葉あります。

　オランダ病とは、1970年代北海の天然ガス開発に成功したオランダが、天然ガス輸出によって慢性的に貿易黒字となり、為替レートが自国通貨高となったため、国内産業が疲弊したことを言います。資源の呪いも、同様に資源輸出国では、国内産業が発達しないことを指します。

　現在、石油埋蔵量世界一のベネズエラは、石油収入を背景とする放漫財政の後始末で、経済は破綻状態にあり、第2位のサウジアラビアは、石油依存脱却を目指して国内改革を進めているところです。カダフィ大佐による革命前のリビアのイドリス国王は、井戸を掘り、油が出ると人は働かなくなると嘆き、水が出ると人は働くと言って喜んだといいます。資源国に生まれた国民は、本当に幸せでしょうか？

　わが国は、無資源国です。原油は99.7％を海外に依存しており、エネルギー自給率は11.8％（2018年度）に過ぎません。国の存立を資源のレントに依存できず、国民の勤労と知恵、自助努力で付加価値を作って行くしかないのです。

　しかし、無資源国でも優位性はあるのです。

　その時々の国際情勢や価格状況を見ながら、最も合理的なエネルギーミックスを作っていくことができるのです。おそらく、わが国の戦後のエネルギーミックスは、世界で最も合理的なものであったと思います。現在も、環境制約を踏まえて、白紙から、エネルギーミックスを構築できるのです。

　環境先進国ドイツは大変です。国内に石炭産業を抱えているために未だに電源構成の40％が石炭を占めています。2028年に石炭火力発電所を閉鎖することを決めましたが、ドイツの著名シンクタンクの研究員は、日本で石炭労働者が暴動を起こすことなく炭鉱閉山ができた理由を教えてほしいと言っていました。

　また、個人的には、エネルギー自給率はエネルギー安全保障の指標にはならないと思っています。石油の場合、備蓄が自給率に反映されていないからです。仮に、ホルムズ海峡閉鎖が行われたとしても、備蓄を取り崩しながら、世界各国とともに我慢すればよいのです。筆者は、一番怖い事態は、日本だけを標的とした差別的な取り扱いだと思っています。無い物ねだりはやめた方が良いと思います。

石油の精製

第8章では、石油の精製について考えたいと思います。

　まず、製油所の役割としくみとわが国の製油所の特徴を概観します。次に、石油精製技術について、蒸留、改質、分解、脱硫の順に説明します。最後に、製油所の省エネルギー、環境対策、防災・安全対策を説明します。

　この章では、石油の連産品特性を踏まえて、消費者・需要家の需要に合わせた品質と数量の石油製品の生産を行う、石油産業のもう一つの需給調整を考えます。

製油所の役割と仕組み

原油は、**発電等単純な燃焼の用途を除いて、通常、需要家や消費者の最終消費に供するためには、製油所（石油精製工場）で、石油精製工程を経て、ガソリンや灯油等の石油製品に精製する必要があります。**

● 製油所の役割

原油は、特定の石油製品だけを作ることはできず、ガソリンから重油まで、あらゆる製品が一定割合ででてくる**連産品特性**を有します。

他方、消費者や需要家が必要とする石油製品の数量（構成比）は、時代や地域によって大きく異なります。一般に、経済社会が発展するにつれて、需要は重油（黒油）からガソリン・灯油・軽油（白油）に変化して行くといわれています。しかも、石油企業にとって、収益の点からも白油は高付加価値です。したがって、石油資源を無駄なく有効に活用し、経済性を確保するためには、原油から生産される石油製品の数量（構成比）を調整する必要が出てきます。また、石油製品

は、環境面・安全面から、一定水準の品質を確保しなければなりません。このように、原油から市場が必要とする石油製品の数量と品質を調整し、生産することが、**製油所の役割**です。

さらに、製油所は、石油製品の製造拠点としての役割とともに、近隣の需要家やガソリンスタンド、遠隔地の油槽所に向けて製品を輸送するための出荷拠点としての役割も持っています。災害発生時等に精製設備の運転が停止した場合でも、製油所が有する在庫石油製品の出荷を維持することが重要です。

● 製油所の仕組み

通常、大型タンカーで輸入された原油は、原油桟橋から荷揚げされます。また、水深の浅い海に面した製

油所では、沖合に設置された桟橋から海底パイプラインで送られます。四日市などでは、沖合のブイに係留して荷揚げされています。原油は、大型の原油タンクに貯蔵され、静置、検尺の後、輸入手続きが行われます。

原油は、汚泥や水分・塩分等の不純物を取り除いた後、石油精製工程の最も基本的で最初の設備である常圧蒸留装置（トッパー）に送られ、ガス・ガソリン・灯油・軽油・重油等の基本的な留分に分けられます。

そして、各留分に分けられた半製品は、ガソリン品質を向上させる改質装置や硫黄分を取り去る脱硫装置、ガソリン（軽質留分）を増産する分解装置などの**二次装置**に送られます。種々の石油精製工程において、運転条件の調整や種々の調合（ブレンド）等によって、必要な石油製品の数量や品質の調整が行われます。

こうして生産された石油製品は、それぞれ小型の製品タンクに貯蔵され、出荷を待つことになります。製油所の出荷設備としては、ローリー出荷場、製品出荷桟橋、タンク車出荷設備等があります。

なお、製造設備のエリアを**オンサイト**、荷揚げ・貯蔵・出荷の設備等のエリアを**オフサイト**といいます。

製油所のレイアウト（設備配置）

▲ ENEOS 大分製油所

石油の流れ

① 原油桟橋
↓
② 原油タンク
↓
③ 精製装置
↓
④ 石油製品タンク
↓
⑤ 陸上出荷設備
（タンクローリー）

OR

⑥ 海上出荷設備
（内航タンカー）

ワンポイントコラム

【原油タンク】　原油を貯蔵する原油タンクは、1基10万KLクラスで、直径100m前後、高さ20m前後の巨大サイズ、東京ドームのフィールドがすっぽり入る大きさです。

わが国の製油所

2

石油製品の生産拠点・出荷拠点である製油所について、わが国の現状と特長を紹介しましょう。

● 原油処理能力

わが国の製油所は21か所、常圧蒸留装置能力日量346万バレル（2022年3月末現在）です。通常、製油所の規模は常圧蒸留装置能力（**原油処理能力**ともいう）で表します。2021年度の原油処理量は日量254万バレルで設備稼働率は73％でした。

近年、石油製品の国内需要の減少を背景に、2017年3月末、石油精製業の国際競争力強化と原油の有効活用の観点から、エネルギー供給構造高度化法に基づいて、過剰精製設備が廃棄されました。2009年3月末から2017年3月末の間に原油処理能力日量489万（製油所29か所）から137万バレル（約30％）が廃棄され、製油所も7か所閉鎖しました。設備稼働率は欧米・先進アジア諸国と同等の水準になりました。

● わが国の製油所の特長

わが国の製油所は、建設年代が古く、最も新しい出光興産北海道製油所でも1976年です。また、1か所当たりの処理能力も日量16万バレルと、米国15万バレル、ベルギー14万バレルより大きいものの韓国59万バレル、シンガポール45万バレル、台湾33万バレルより規模が小さくなっています。

他方、内需構成の白油化が早かったこと、原油処理能力の削減が進展してきたこと、環境（品質）規制が厳格であったことから、周辺諸国に比して、FCCの装備率（処理能力比20％、同韓国12％、同シンガポール6％）や接触改質装置の装備率（処理能力比15％、

ワンポイントコラム

【製油所の精製機能停止】　石油製品の国内需要の減少を背景として、ENEOS和歌山製油所は2023年10月を、また、東亜石油京浜製油所は2024年3月を目途として、精製機能を停止し、ターミナル化する予定になっています。

● 製油所の立地

わが国では①消費地精製方式が基本であったため、大型原油タンカーが着桟できるバースが近くにあることと、②石油精製工程で冷却水が大量に必要になるため、工業用水が容易に手当てできること、③製油所は生産拠点であると同時に出荷拠点であるため、製品輸送の観点から、大消費地に近いこと、などの立地条件が必要です。このため、製油所の分布は苫小牧と仙台を除き、関東から伊勢湾までの太平洋岸と瀬戸内海のいわゆる**太平洋ベルト地帯**に集中しています。生産・出荷拠点の規模の経済（スケールメリット）を活かしつつ、輸送コストを削減して行くことが重要となります。

このように、製油所は、石油のサプライチェーンにおいて必ず通過しなければならない設備であり、石油精製は石油産業の結節点です。このため、わが国の石油政策においても、長年、石油精製業をその規制対象の中核にすえ、政策対象の中心にしてきたのです。

同韓国13%、同シンガポール11%）は大きく、需給調整能力や品質調整能力は高くなっています。

製油所の所在地と原油処理能力（2022年3月末現在）

常圧蒸留装置能力
合計3,457,800バレル/日（製油所数：21か所）

単位：バレル/日

出光興産・愛知製油所　160,000
コスモ石油・四日市製油所 86,000
昭和四日市石油・四日市製油所 255,000

ENEOS・水島製油所 350,200
ENEOS・麻里布製油所 120,000
西部石油・山口製油所 120,000

ENEOS・大分製油所 136,000

出光興産・北海道製油所 150,000
ENEOS・仙台製油所 145,000
鹿島石油・鹿島製油所 203,100※
ENEOS・川崎製油所 247,000
東亜石油・京浜製油所 70,000

コスモ石油・千葉製油所　177,000
大阪国際石油精製・千葉製油所　129,000
出光興産・千葉事業所　190,000
富士石油・袖ケ浦製油所　143,000
ENEOS・根岸製油所　270,000

コスモ石油・堺製油所　100,000
ENEOS・堺製油所　141,000
ENEOS・和歌山製油所　127,5000
太陽石油・四国事業所　138,000

※1 鹿島石油・鹿島製油所の数字には、コンデンセートスプリッターの処理能力を含む
※2 ENEOS・根岸製油所の原油処理能力は、2022年10月を目途に150,000バレル/日に変更予定
※3 ENEOS・和歌山製油所は2023年10月、西部石油・山口製油所は2024年3月を目途に精製機能を停止予定
出所：石油連盟

石油精製工程① 蒸留・改質

3

石油精製で、最初に行われる最も基本的なプロセスである「蒸留」とガソリン品質向上のための「改質」について説明します。

●蒸留装置

原油は、製油所の原油タンクから、水や汚泥、そして塩分を除去した後、常圧蒸留装置に送られます。原油は300～350℃程度に加熱され、蒸留塔の下部に送られます。蒸留塔の内部にはトレイが多段に設置され、より沸点の低い成分が気体として頂部に上昇する過程で、トレイ各段の温度に見合った沸点の成分が液体として滞留し塔底には残渣油が貯まる仕組みとなっています。トレイ各段から留分を抜き取る構造で、上部から沸点の低い順に、ガス、ガソリン・ナフサ、灯油・ジェット燃料、軽油、残渣油（重油）に分けられます。二つ以上の成分を沸点の違いによって分離させる操作のことを**蒸留**（Topping）といいます。

近代石油産業が誕生した1860年代当初は、蒸留酒製造用の蒸留釜が応用されたといいます。当時の石油の用途は、ランプ用の灯油と潤滑油が中心でしたから、ガソリン留分は余りものであり、直留の灯油留分と残渣油が取れればよかったのでしょう。その後、現在みられるような連続式の蒸留装置が発達しました。

通常、常圧蒸留装置から出たガソリン・灯油・軽油の各留分は脱硫装置に送られますが、残渣油は製油所の設備構成により減圧蒸留装置に送られる場合と直接脱硫装置に送られる場合があります。

減圧蒸留装置は、富士山頂で約90度で水が沸騰するように、気圧の低いところ（減圧下）では常圧より沸点が低くなるという性質を利用し、減圧下で常圧残渣油をさらに減圧軽油と減圧残渣油に分けます。

●改質装置

20世紀に入り、米国では自動車用ガソリンの需要が増加してきました。また、第一次世界大戦後、近代戦の遂行には石油が必要不可欠になりました。特に、航空用ガソリンには、高オクタン価のガソリンが求められるようになったのです。**オクタン価**とは、エンジンのノッキング（坂道などでエンジン内の不完全燃焼でカタカタという異常音が発生する現象）の起こりにくさを表す指数ですが、1939年には、オクタン価を向上させる**接触改質装置**（Reformer）が考案されました。

分子構造を変化させることを**改質**といいますが、ガソリンの場合、同じ炭素数の炭化水素では、炭素が横に並んだ直鎖構造のものより亀の甲状のベンゼン環を含む芳香族の方が高オクタン価です。接触改質装置では、重質のガソリン留分を原料として、高温高圧下で触媒を使って、炭化水素分子の構造を変えることで、オクタン価を100程度まで上昇させます。ガソリン留分の改質は、石油製品の品質と付加価値を向上させる典型的な精製工程であるといえます。

製油所の原油常圧蒸留装置

●原油からできる様々な石油製品

蒸留塔

温度	製品
	LPガス
35〜180℃	ガソリン　ナフサ
170〜250℃	ジェット燃料油　灯油
240〜350℃	軽油
350℃以上	石油蒸気
加熱炉	重油　潤滑油　アスファルト　硫黄

　ワンポイントコラム

【明治の機械遺産】　新潟市秋葉区金津の「石油の里公園」には、わが国の明治初期における石油採掘・石油精製施設が残されており、「新津油田金津鉱場−採油と製油技術の証−」として、日本機械学会の「機械遺産」に認定されています。隣接の「石油の世界館」には、地質試料のほか、油井・製油所の精密模型なども展示されています。

石油精製工程② 分解

石油精製工程で、重質油を軽質油に転換する技術である「分解」について、説明します。

● 分解装置

1930年代、米国では、自動車用ガソリンの需要増加に加え、第二次世界大戦で航空用ガソリンの増産が課題となりました。そのため、高オクタン価のガソリンが増産できる**流動接触分解装置**（FCC：Fluid Catalytic Cracker）が開発されました。大戦中のFCC開発は、原爆のマンハッタン計画と並ぶ米国の一大技術開発でした。

沸点の高い炭化水素（重質分、炭素分子数が多い）を沸点の低い炭化水素（軽質分、炭素分子数が少ない）に転化させることを**分解**といいます。すなわち、重油等の重質分を分解することで、ガソリン等の軽質分を増産するのです。分解装置には、①高温下で分解

させる熱分解、②触媒を利用する接触分解、③水素気流中で触媒を利用する水素化分解の三種類がありますが、現在、最も多いのは、分解後のオクタン価が高く（92〜96）、ガソリン収率も大きい（50〜60％）、**接触分解法**です。通常、接触分解装置は間接脱硫軽油を原料としますが、今日では常圧残渣油を原料とする**残油流動接触分解装置**（RFCC）も増えています。

ガソリンについては、通常、オクタン価に着目しつつ、①常圧蒸留からの直留ガソリン、②高オクタン価の改質ガソリン、③重質油からアップグレードされた分解ガソリンをブレンドして製造されます。

● わが国における分解装置

わが国でも、モータリゼーションの発達で、ガソリ

ワンポイントコラム

【ガソリン需要の増加とFCC建設】　わが国で、モータリゼーションが進展し、ガソリン需要が伸びた1970年代から80年代には、ガソリンが唯一の採算油種であったこともあり、ガソリン増産のためのFCCの建設が一大ブームとなりました。

ン増産の観点から、1970年代終わりから1980年代にかけて、FCCの増設が進みました。一般的な中東原油の残渣油得率は半分近くあり、1960年代から1970年代の高度成長期には産業用・発電用の重油等重質油留分の需要が半分近くで、得率的に需給はバランスしていました。しかし、1980年代からは、石油製品内需の構成比は軽質化（「白油化」し、近年では、ガソリン・ナフサで半分を越え、重質油は1割程度です。同じガソリン留分から生産される石油化学用ナフサについては、内需比61％の製品輸入が行われているものの、基本的には国内精製中心であることから、分解装置による重質分の軽質分への分解が基本的な対応方法として機能しています。

さらに、中長期的には原油の増産余力は重質原油中心になるざるを得ない反面、内需構成の白油化は続くとみられることから、EVの普及でガソリン需要が本格的に減少するまでは、分解装置の存在意義は大きなものがあると考えられます。それゆえに、エネルギー供給構造高度化法に基づく告示においても、分解装置能力の向上が目標とされたといえます。

石油精製工程（一例）

第8章 石油の精製

出所：経済産業省資料より

石油精製工程③　脱硫

石油精製工程の第3回として、大気汚染対策としての「脱硫」について説明します。

● 脱硫装置

原油は、基本的に炭化水素化合物ですが、硫黄化合物も交じっており、石油製品消費時の大気汚染対策として、硫黄分を取り除くことが必要になります。

わが国の精製原油は、中東原油に依存せざるを得ませんが、一般に、中東原油は、重質かつ硫黄含有量が多いという短所があります。そのため、環境保全の観点から、わが国では、欧米に比べて、硫黄分を除去・低減する脱硫の工程が重要です。水素気流中で触媒を利用して**水素化脱硫**する方法が一般的です。

1970年代には、亜硫酸ガス低減のために産業用・電力用の重油について、減圧軽油を重油間接脱硫装置にかけた脱硫軽油を減圧残渣油とブレンド（調合）し

て重油を製造する**間接脱硫法**が導入されました。その後、常圧残渣油そのものを重油直接脱硫装置で脱硫する**直接脱硫法**も開発されました。間接脱硫法は運転条件が安定している反面、脱硫軽油を減圧残渣油とブレンドするため脱硫重油の硫黄分は1・3〜1・5%程度に止まります。他方、直接脱硫法は運転条件が厳しくコストもかかる反面、脱硫重油の硫黄分は0・1%程度まで落とせます。重油については、用途や消費地域によって様々な規格のものが作られますが、硫黄分と粘度を中心に、軽油などのカッター材（希釈材）を含め、様々な基材をブレンド（調合）して製造されます。

● サルファーフリー化

1990年代から2005年にかけて、自動車燃料

中の硫黄分規制が強化され、軽油・ガソリンの脱硫が課題になりました。特に、ディーゼル排ガス低減対策の一環として、窒素酸化物（NOx）と粒子状物質（PM）規制を実現するため、排ガス処理触媒の機能を阻害する軽油の硫黄分の10PPM（0・001％）以下への低減**サルファーフリー化**を世界に先駆けて2005年に実現しました。同様に、ガソリンもサルファーフリー化されました。軽油やガソリンの脱硫も重油と同様に水素と触媒で脱硫しますが、従来より、反応圧力をより高圧にした**深度脱硫装置**が設置されました。

わが国では、灯油は、室内のストーブで直接燃焼させることから、脱硫が極めて大切であり、硫黄分は0・008％以下となっています。

さらに、2020年1月からは、大気汚染防止のため、国際海事機関（IMO）では、船舶燃料の硫黄分含有規制も実施しました。従来の硫黄分3・5％から世界全海域で、硫黄分0・5％以下に低減する必要があります。大部分の船舶が新規制適合油を使用するため、軽油のブレンドをはじめとした原料基材の多様化で、対応しています。

ガソリン・軽油の硫黄分の変遷

出所：石油連盟「今日の石油産業」

【ペットボトルのススメ】　石原慎太郎元東京都知事が知事時代の記者会見で、ペットボトルに入れたディーゼル排ガスのススを振って、大気汚染防止を訴えたことが、わが国石油業界が世界に先駆けたサルファーフリー化を実現した契機となりました。

製油所の省エネルギー

6

製油所は、大量のエネルギーを消費していることから、徹底的なエネルギー使用の合理化、すなわち「省エネルギー」を推進しています。省エネルギーによって、地球温暖化対策の観点からCO_2排出を削減するとともに、燃料コストを削減し製油所の競争力を強化するためです。

●燃料消費とCO_2排出

2020年度のわが国の製油所のエネルギー使用量は1266万KL（原油換算）でCO_2排出量は3082万CO_2-トン（わが国のCO_2総排出量の2・7％）です（石油連盟調査）。ただ、石油精製業は、消費者や需要家の必要とする数量と品質の石油製品を供給する責務を有していることから、自らの経営判断だけでは、その生産量や排出量をコントロールできません。そのため、地球温暖化対策は、CO_2総排出量抑制ではなく、省エネルギーを中心にせざるを得ません。同時に、国内の温室効果ガスのインベントリーにおいても、電力業界やガス業界とともに、**エネルギー**転換部門に分類されています。

●省エネルギー対策

製油所における省エネルギーは、精製設備（精製工程）と用役設備（蒸気や電気等のユーティリティ）を主な対象として、装置間の相互熱利用拡大や廃熱等のエネルギー回収装置の増設、制御技術や最適化技術の進歩による運転管理の高度化、設備の最適な維持管理による効率化、高効率装置・触媒の採用など、多岐にわたっています。特に、製油所では、加熱炉が数多く、燃料消費も大きいことから、熱管理における省エネルギーが重要であり、熱交換器の設置・高度化、熱相互利用、低温廃熱の回収などの対策が進められています。

144

ただ、現時点では、熱管理の改善による省エネルギーは技術的に限界に近い状態になっており、ヒートポンプやコージェネレーション、再生可能エネルギーの導入、コンピューター制御の推進等の高度制御・高効率機器の導入による省エネルギーが中心になっています。このように、省エネルギーは、温暖化対策だけでなく、国際的な、あるいは製油所間の競争力強化のためにも重要です。

●エネルギー効率の国際比較

こうした努力の結果、わが国の製油所のエネルギー効率については、米国のソロモンアソシエイツ社によると、世界の主要地域の平均値は、日本を100・0とした場合、アジアは100・3、欧州は100・4、米国・カナダは111・3となり、国際比較すると、同等ないし優位にあると評価されています。わが国の製油所の設備年齢が古く、アジア主要国の製油所の規模が大きい点から見ると、エネルギー効率の面で、わが国は健闘しているといえるでしょう。

石油精製能力と稼働率の推移

出所：資源エネルギー庁資料より作成

【乾いた雑巾】　わが国産業は、石油業界を含め、第1次石油危機以来、積極的に省エネルギーに取り組み、すでに限界近くまで達成しているといわれ、近年では、国内総生産（GDP）当たりのCO2排出量の改善率はごく僅かになっています。これを「乾いた雑巾を絞る」ようなものだと表現する人もいます。

製油所の環境対策

製油所では、石油製品の製造のために、処理原油の3〜5％相当の精製ガスや重油（残渣）を自家燃料として消費していることから、燃料消費に伴う環境対策を十分に講じる必要があります。

●大気汚染対策

① 硫黄酸化物（SOx）対策

大気汚染防止のため、製油所では、ボイラーや加熱炉で発生するSOxについて、燃料として硫黄分の少ない精製ガス（オフガス）や低硫黄重油を使用するとともに、排煙脱硫装置で回収しています。脱硫装置等製品の硫黄分を低減する装置からの排ガスも多量の硫黄酸化物を含有しているため、ガス洗浄装置にかけた上、硫黄回収装置で硫黄を回収しています。

② 窒素酸化物（NOx）対策

製油所で発生するNOxを低減するため、低NOxボイラーや二段燃焼など燃焼方法を改善するとともに、排煙中のNOxは排煙脱硝装置で除去しています。

③ ばいじん対策

近年、自家燃料としてオフガスを可能な限り利用していることから、ばいじんの発生量は非常に減っています。FCCや石炭・重油を燃料とする大型ボイラー等には、サイクロンや電気集塵機等を設置し、ばいじんの排出防止に努めています。

④ 揮発性有機化合物（VOC）対策

近年、浮遊粒子状物質（SPM）や光化学オキシダントの原因物質として問題となっているVOCについては、製油所では、主に貯蔵タンクや出荷設備から発生しています。そのため、炭化水素蒸気（ベーパー）の排出抑制のため、原油やガソリンのタンクは密閉構造にするとともに、出荷設備にはベーパー回収装置を設置しています。

● 水質汚染対策・廃棄物対策等

① 水質保全

製油所では、大量の冷却水を使用していますが、冷却水は石油と直接接触しない間接冷却水です。工業用水は、循環再利用で、使用量を減らしています。海水を利用する場合には、油分が混じらないよう激しくチェックしています。また、プロセス上生じた排水は、オイルセパレーターで油分を回収し、化学処理や活性炭処理等を行い、排出しています。

② 産業廃棄物

製油所では、廃油、汚泥、廃酸、廃アルカリ、ダストなど廃棄物が発生します。各社では、廃油は再精製したり、汚泥やダストはセメントの原材料に利用したり、可能な限り再資源化しています。それができない場合のみ、適切に廃棄処分としています。

③ 騒音・緑化対策

各種装置で発生する騒音は、タンク等の構造物や遮音壁、緑地等の活用により、適切な対策を行っています。また、敷地面積の約10％を緑地としています。

第8章 石油の精製

わが国の環境規制と石油業界の設備投資額

設備投資

重油脱硫 約5,500億円
ガソリン無鉛化 約3,000億円
軽油低硫黄化 約2,000億円
ベンゼン低減化 約1,400億円
ガソリン・軽油の低硫黄化等 約3,000億円（試算）

1970　1980　1990　2000　2010

環境規制

四日市公害訴訟判決（1967〜1972年）
ディーゼル排ガス規制（短期…1993年 長期…1997〜1999年）
軽油の低硫黄化（2004年、50ppm）
軽油の超低硫黄化（2007年、10ppm）
自動車排ガス規制（1978年）
ベンゼン環境基準設置（1996〜2000年）
ガソリンの低硫黄化（2004年、50ppm）
ガソリンの超低硫黄化（2008年、10ppm）
新長期排ガス規制（ガソリン、ディーゼル〜2005年）
環境庁設置（1971年）
環境省設置（2001年）

出所：石油連盟「今日の石油産業」2016年版

ワンポイントコラム

【原因者負担原則】 1970年代の公害問題が社会問題化したころから、環境汚染の補償・回復費用については、原因者（汚染者）が負担すべきであるとする考え方（PPP）が国際的原則となってきました。大気汚染や水質汚濁などの地域公害では原因者と被害者が比較的明確ですが、地球温暖化・気候変動でどう考えるか、難しい問題です。

製油所の防災・安全対策

製油所では、原油・半製品・石油製品など大量の危険物を貯蔵・製造・出荷していることから、安全対策を最優先し、最新の技術による安全管理体制と不測の災害に備えた万全の防災体制を講じています。

● 安全防災設備

まず、ハード面の安全対策として、個々のタンクや生産設備については、関東大震災級の地震にも耐えられる耐震設計になっています。特に、わが国は世界有数の地震国であることから、耐震対策は重要です。さらに、設備のレイアウトも、設備から居住地域までの保安距離や敷地境界線までの敷地境界距離、設備周辺の保有空地などを十分に確保し、万全の対策を立てています。

また、万が一の石油漏えい事故に備えて、石油が海上や周辺道路へ流出しないように、タンク周辺には防油堤、設備周辺には防液堤、さらに製油所全体を流出油防止堤で囲むなど、二重三重の安全対策を講じています。

● 安全管理体制

また、ソフト面では、設備の保守管理を中心に、日常点検をはじめ、各種設備等の運転停止検査、タンクの定期開放点検など必要な点検・検査を確実に実施するとともに、安全管理マニュアルの設置、安全防災教育・定期的な訓練などにも取り組んでいます。さらに、緊急時の動員組織として、不測の火災や事故に備えて、大型化学消防車・高所放水車・泡原液搬送車で構成される三点セットを配備した防災組織が、24時間体制で出動に備えています。

● 十勝沖地震の教訓

2003年9月の十勝沖地震時の大型タンク火災

第8章｜石油の精製

は、過去経験のない長周期地震動によるものとされました。そのため、将来の長周期地震動対策として、関係法令が改正され、浮屋根式大型タンクの安全性強化が措置されるとともに、浮屋根式タンクの全面火災対策として、全国12か所に、大容量泡放射システムを配備した関係業界による**広域共同防災組織**が設置されました。

●工場夜景

最近、川崎、四日市、堺、水島などの石油コンビナートや製油所の夜景の美しさが注目されています。

実は、工場のライトアップは、夜間の定期巡回が昼間と可能な限り近い条件で、安全かつスムーズに行うことができ、かつ異常があった場合に一刻も早く発見できるように、昼間に近い照度を確保するために行っているものです。

安全対策の一環としての措置が工場の夜景の美しさの理由となっています。

製油所の工場夜景

東亜石油京浜製油所（川崎市）

【工場夜景クルーズ】 川崎や四日市では、コンビナート地帯の工場夜景が美しいことから、地域の観光振興のために、夜景観賞の遊覧船が運行されています。関心ある方は、地元の観光協会に問い合わせてみるのも良いでしょう。

エネルギーの代替性

　ウクライナ侵攻で、エネルギー安全保障の重要性が再認識されました。確かに、脱炭素社会の実現で、化石燃料やロシア・中東へのエネルギー依存から脱却できますが、当面の転換期の対策も重要です。

　個人的意見として、当面のエネルギー安全保障の確保策としては、エネルギーの「代替性」を確保することが重要だと思っています。ウクライナ侵攻に伴う対ロ経済制裁とその対抗措置の中で、エネルギー危機回避策として、各国が採用したのは、代替供給先と代替エネルギーの確保でした。例えば、欧州各国や日本は、ロシア産原油から、代替供給先として、中東原油にシフトしました。また、ドイツなどでは、ロシア産天然ガスから、代替エネルギーとして、自国産石炭や原子力、石油にシフトしました。CO_2排出削減よりエネルギー安全保障の方が重要なのです。石油の場合は、究極の代替供給源となる「備蓄」もあります。今回も、先進国の国際協調による備蓄石油放出が行われました。日本の場合、ロシア産原油の輸入停止で、代替供給源である中東への原油依存は95%を超え、中東依存度が高まってしまいましたが、代替供給先があれば、何とか危機を回避できます。

　確かに、エネルギー安全保障において、「自給率」は重要な指標ですが、それがすべてではありません。230日分にも及ぶ石油備蓄は自給率に反映されていません。また、わが国の経済構造・外交政策・立地（位置）、産油国事情等から考えれば、現時点で自給率向上は「ないものねだり」と言うしかありません。したがって、当面のエネルギー危機時には、どこに代替を求めるか、何に代替を求めるかを考えるべきでしょう。

　エネルギーの代替については、今後の脱炭素社会の実現においても、重要な要素になります。電力部門の脱炭素化は既存技術で対応できますか、問題は産業の熱利用等非電化部門のエネルギー転換です。そのための代替エネルギーの技術開発がカギになるのでしょう。

　そして、脱炭素が実現したとしても、エネルギーの中東依存から、希少金属の中国依存に変わったのでは、経済安全保障上、新たな課題を背負うことになりかねません。脱炭素で、無資源国であるわが国の資源・エネルギー問題が解決できるわけではないのです。

第 **9** 章

石油製品の流通と 販売

第9章では石油製品の流通と販売について取り上げます。

　まず、広義での流通に含まれる物流について、油槽所の役割、
合理化、輸送手段を概観します。次に、狭義の流通である商流
の諸問題と石油製品の価格決定を振り返ります。最後に、石
油産業のサプライチェーンのアンカーであり、石油安定供給
の最終拠点でもある給油所（ガソリンスタンド、ＳＳ）の現状
と課題を考えたいと思います。

石油製品の物流

石油の流通には、モノの動き（輸送）という「物流」とカネの流れ（商取引・契約関係）という「商流」（狭義の流通）という二つの側面からの見方があります。まず、前者の「物流」について、取り上げます。

● 国内物流の概要

石油製品は、一般消費者（家庭）・需要家（企業）のもとに届くまで、精緻なロジスティクスが構築されています。生産・出荷拠点である製油所からは、輸送コスト削減のため、タンクローリーの輸送距離と輸送容量との見合いで、可能な限り、製品をガソリンスタンドや需要家に直送しています。他方、北海道や東北、日本海側等の遠隔地は、拠点都市に中継基地となる油槽所（オイルターミナル）を設置して、製油所から内航タンカーやタンク車（鉄道貨車）で二次輸送を行い、油槽所で貯蔵、タンクローリーに積み替え、ガソリンスタンド等に二次輸送しています。また、製油所近隣の石油化学工場、発電所等の大口事業所に対しては、製油所から導管（パイプライン）で直接供給しています。

原燃料を導管（パイプライン）で直接供給しています。

● 油槽所の役割

油槽所は、青森、新潟、境港、高知等の臨海部だけでなく、松本、高崎、郡山、盛岡等の内陸部にも立地しており、一般に、臨海油槽所は大規模、内陸輸送所は小規模で、前者には内航タンカーで、後者にはタンク車で配送されます。主な設備として、油槽所は、内航タンカーやタンク車からの受入施設、各種製品タンクの貯蔵施設、タンクローリー等の出荷施設からなります。

このように、油槽所の主な役割は、①石油製品の中継基地ですが、②灯油・重油等の季節商品の備蓄（貯蔵）基地、③海外石油製品の輸入基地などの役割も有しています。

● 物流合理化の取り組み

元売各社では、経営合理化の一環として、運賃や施設費など物流コストの削減に努めています。同時に、需要減少に対応した規模縮減、また、環境問題の観点からも、交錯輸送の排除や渋滞緩和など、物流の合理化は重要です。そのため、各社では、受発注業務のオンライン化による配送の制度化（多頻度配送や臨時配送の排除等）、輸送手段の大型化、出荷拠点の規模・配置の見直しなど、製品配送の最適化を進めました。

さらに、物流合理化のため、石油製品の品質や規格が均一である点を利用して、会社の枠を超え、輸送手段・物流施設の共同利用、石油製品の相互融通を拡大しています。油槽所施設の共同利用としては、内陸油槽所を中心に8か所の日本オイルターミナルと臨海部24か所の東西オイルターミナルが典型例ですが、受け入れ桟橋等の施設を共同で利用する例もあります。製品の相互融通としては、元売2社が出荷拠点を有する2地域間で、同量・同品質の製品を相互に融通出荷（等価交換）する**地域バーター**（交換ジョイント）があります。

わが国の石油製品の物流（イメージ）

製油所 ── パイプライン等 ──→ コンビナート・近隣工場棟（石化工場・発電所等）

製油所 ── タンクローリー（直送） ──→ 需要家等タンク

製油所 ── タンクローリー（直送） ──→ ガソリンスタンド（給油所）

製油所 ── 鉄道タンク車（時輸送） ──→ 内陸油槽所

製油所 ── 内航タンカー（次輸送） ──→ 臨海油槽所

内陸油槽所 ── タンクローリー（二次輸送） ──→ 需要家等タンク

内陸油槽所 ── タンクローリー（二次輸送） ──→ ガソリンスタンド（給油所）

輸入製品 ──→ 臨海油槽所

臨海油槽所 ── タンクローリー（二次輸送） ──→ 需要家等タンク

臨海油槽所 ── タンクローリー（二次輸送） ──→ ガソリンスタンド（給油所）

──→ 製油所からの出荷　　━━→ 油槽所からの出荷

ワンポイントコラム

【石油製品の物流】　石油製品においては、特にガソリンや灯油など一般消費者向け製品は、物流と商流が異なる場合が多いようです。物流は、製油所や油槽所といった石油元売会社の施設から、ガソリンスタンド等に直接輸送されていますが、商流は、スタンド等は元売会社と直接取引するのではなく、卸売商である特約店経由で仕入れている場合があります。

石油製品の輸送手段

2

次に、物流の役割を担う石油製品の輸送手段について、見てみましょう。

●内航タンカー

中長距離を大量のロットで経済的に輸送しうる一次輸送の手段です。一隻当たりの平均積載容量が約2200KLと大量輸送が可能ですが、現在、船員の高齢化と確保が大きな課題となっています。石油の国内需要の減少に伴う船腹過剰が大きな問題となっていましたが、徐々に改善されてきました。石油タンカーは、大別して、ガソリン・灯油・軽油等を運ぶ白油船（クリーンタンカー）と重油・原油等を運ぶ黒油船（ダーティータンカー）に分かれています。2007年の中越沖地震や2011年の東日本大震災に伴う原発の運転停止時の石油火力発電所の稼働増強に当たっては、電力用重油を積む黒油船が不足し、その確保が課題となりました。

●タンクローリー

ガソリンスタンドや需要家タンクまで届ける、製油所からの直送、油槽所からの二次輸送のための、迅速かつ機動的な小口の輸送手段です。近年では、油槽所の合理化、積載容量の大型化、高速道路網の整備等により、輸送距離が延び、輸送手段としての役割を増しています。特に、規制緩和の進展と安全対策の拡充で、最大30KL積みまで許容され、平均でも約20KLまで積載容量の大型化が進んでいます。通常、タンクローリーは運送会社が保有していますが、石油元売会社と専属契約を結び、車体には元売のブランドマークを掲げています。なお、原則として、長大トンネル（5km以上）と水底トンネルの通行は禁止されています。

●タンク車

内陸油槽所、大口需要家向けの安定的かつ環境性能に優れた輸送手段です。一両当たりの積載容量は、50KLないし60KLで、20両編成で平均的な内航タンカーの半分程度の輸送力を有します。ただ内陸油槽所の統廃合で、輸送の数量は減少、タンク車出荷設備のある製油所も減っており、横浜・川崎から東北・関東の内陸油槽所、四日市から松本等の路線に限られています。

●パイプライン

石油コンビナート等において、製油所と近隣事業所間で、燃料や原料を輸送するのが、パイプラインです。例えば、石油化学工場向けの石化ナフサや石油火力発電所向けのC重油が典型的な例になります。ただ、パイプライン事業法の石油パイプラインは、唯一、千葉港と成田空港を結ぶジェット燃料の「成田パイプライン」だけで、一般的な用語と法律上の用語では意味が異なる点に注意が必要です。

石油製品の物流手段（比較表）

輸送手段	輸送実績	シェア	台数	総容量	平均容量
内航タンカー	118百万KL	46%	612	1,353千m³	2,211m³
タンクローリー	99百万KL	39%	6,814	120,808トン	17.7トン
鉄道タンク車	8百万KL	3%	1,460	64,818トン	44.4トン
パイプライン	32百万KL	12%	–	–	–
合計	256百万KL	100%	–	–	–

注：2014年推定。　出所：各種資料から著者作成

ワンポイントコラム

【法律上のパイプライン】　パイプライン事業法では、延長15KM以上のパイプラインは敷設に許可が必要で、設置者による専用利用ではなく、第三者利用が保証されている必要があります。成田を除くと、長距離の天然ガスパイプラインが多いです。

石油製品の商流

石油製品の国内流通をカネの流れ（契約関係）から見た「商流」狭義の「流通」と販売を取り上げます。特に、主力製品であり、独特の流通形態を持つガソリンについて紹介します。

● 直売と特約店販売

石油製品の販売形態は、民生用燃料と産業用原燃料で異なります。通常産業用の石化用ナフサやジェット燃料、産業用・船舶用・電力用の重油、大口需要家向け軽油等は、元売会社により直売されています。他方、民生用のガソリンや灯油は、石油元売会社から、特約店等に卸売りされ、さらに消費者に小売りされます。

● 系列販売（系列玉）

ガソリンの国内販売の大部分（約85％）は、石油元売り会社から、系列特約店を経由して、特約店の有する給油所（ガソリンスタンド）ないし傘下の系列販売店の給油所で小売りされています。**石油元売会社とは**、

「自ら石油精製を行い、または出資等により密接な関係を有する石油精製会社が生産する石油製品を継続的に引き取り、かつ②広域に所在する自社系列の給油所で、自らの商標（ブランド）を付したガソリンを系列販売店等に販売させている会社（現在5社）」をいいます。

また、**系列特約店とは**、「元売会社から商標使用許諾された事業者のうち、元売会社と直接石油製品を購入する契約を結んでいる事業者」、**系列販売店とは**、「元売会社から商標使用許諾を受けた事業者のうち、系列特約店を介して石油製品を購入している事業者」をいいます。系列特約店は、一般特約店、販売子会社、商社系特約店、全農系特約店の4つに分類できます。ガソリンの国内販売のうち、一般特約店経由は約5割、商社系特約店経由は約2割、商元売り会社が出資する販売子会社経由は約2割、商

3

社系特約店と全農系特約店で約1割を占めます。これら、系列特約店向けの販売を系列販売、系列販売用として出荷された石油製品は、系列玉といわれます。

●系列外販売（業転玉・非系列玉）

元売会社等から、系列特約店以外の商社・全農・独立系事業者向けの販売を**系列外販売**といいます。非系列販売用として出荷されたガソリンは、**業転玉**（業者間転売玉の略）といわれ、わが国のガソリン出荷の10％程度になっています。

従来、石油製品の連産品特性から、需給状況によって発生する余剰品が業転玉として流通するといわれてきましたが、実態は、ロングポジション（精製能力が販売能力を上回る状態）の外資系元売会社が経営戦略ないし親会社による輸出制限によって、20％を超える非系列玉が出荷されていました。しかし、業界再編によって、外資系二社が、ショートポジション（精製能力が販売能力を下回る状態）の民族系元売会社と合併したため、非系列玉が吸収された形となり、過去、安売りの元凶とされてきた非系列玉（業転玉）が激減しました。

おもなガソリンの流通経路

```
元売 ──── 系列玉 ──────────→ 【元売り系列SS】
 │ ↑                          （系列特約店および系列販売店）
 │ │ 業転玉                    ・元売商標を表示して営業
 │ │                          ・仕入先は、契約上、当該元売り
精製会社                          系列からに限定
 │                            ・エネルギー商社から零細事業
 │                  流入          者まで多様な事業者が運営
 │            ┌──→
 │            │
 ├──────→ 業転玉流通業者①      【その他SS】
 │          （商社等大手業者）   ・元売商標等を利用せず、自ら
輸入ガソリン   ・総合商社            の信用力のみで営業
              ・エネルギー商社 等  ・仕入先に関する制約はない
                 │
            先物取引市場
                 │
              業転玉流通業者②    【PB SS】
             （PB事業者）       ・PB事業者（エネルギー商社等）
              ・エネルギー商社      の商標を表示して営業
              ・全農 等          ・仕入先は、契約上、当該PB事
                                   業者に限定

→ 系列ルート
→ 業転ルート
```

出所：公正取引委員会（2016年4月）

ワンポイントコラム　【国内の石油元売会社】　現在、わが国の石油元売会社は、ENEOS、出光興産、コスモ石油、太陽石油、キグナス石油の5社になっています。40年前の1982年当時には、石油元売会社は13社ありました。

商標の役割と系列回帰

4

最近の業転玉激減により、独立系のプライベートブランド（ＰＢ）店や業転玉を取り扱っていた系列店に、系列入りや業転離れ等の系列回帰の動きが出ています。系列販売の意味、商標の役割等を考えてみましょう。

● 商標の役割

一般に、独占禁止法上、仕入先の制限（専売契約）は、拘束条件付き取引として、不公正な取引方法に該当し違法です。しかし、独禁法上、正当な商標権の行使については独禁法の適用除外とされているため、元売会社と系列特約店・系列販売店の間では、商標使用許諾契約が結ばれ、当該元売の商標（ブランド）の下での自社出荷品以外（他社出荷品）の販売は禁止されています。

商標が有する、①出所明示機能、②品質保証機能、③経営支援機能、④安定供給機能等を含めて、社会経済的に有意義な機能について、法的な保護を与えるとの趣旨で、独禁法の適用除外とされているのです。例えば、サインポールに対する消費者の信頼、揮発油等

の品質の確保等に関する法律（品確法）等の品質保証や製造物責任（ＰＬ）法上の責任担保、あるいは広告宣伝、カード決済システムやＰＯＳシステムの利用、マニュアルの活用、制服の着用、金融支援等の便益が提供される見返りとして、系列特約店・販売店にはブランド料の支払いと他社出荷品の取り扱い禁止が求められています。ただし、公正取引委員会は、他社出荷品の取り扱い禁止について、「直ちに独禁法上問題となるものではないが、一方的に取引を停止する等により、不当に不利益となるような行為は、独禁法上問題になりうる」としています。

● 業転玉・系列玉の格差

過去、業転玉が十分流通していた頃には、業転玉と

　【業界再編による影響】　石油業界の再編を経て、業転玉の流通は減少し、時期によっては、業転取引の製品価格が系列取引の製品価格を上回ることもあり、業転玉のインセンティブはなくなってきました。

158

系列玉の間に大きな価格格差があり、系列特約店・販売店には、業転玉取り扱いのインセンティブがありました。しかし、業転玉の流通が量的に激減し、業転玉と系列玉間のブランド料相当の出荷価格の格差が3円以下に縮小したともいわれ、そうしたインセンティブはなくなりました。

また、系列取引は、継続的取引を基礎とする安定供給の意義も大きいです。特に、地震や台風等の大規模災害時の継続取引店への出荷の優先順位は高いことも、元売回帰の動きの背景あると見られます。

●サプライチェーンのアンカー

石油のサプライチェーンは、石油製品を消費者・需要家に販売することで完結します。産業全体として見れば、その代金を確実に収受することで、最終的にコストを回収し、利益が実現できます。その意味からも、石油元売会社にとってお客様（消費者）との接点であり、サプライチェーンのアンカーであるガソリンスタンド（SS）との良好な取引関係の維持は極めて重要です。

流通経路別ガソリン販売量

国内販売実績 4,942万kl

- 自動車用 4,929万kl（99.7%）
  - 元売直売 1,124万kl（22.7%）
    - 需要家 126万kl（2.6%）
    - 元売子会社 998万kl（20.2%）
  - 商社 614万kl（12.4%）
    - 商社直営 133万kl（2.7%）
    - 商社系販売店 308万kl（6.2%）
    - その他 172万kl（3.5%）
  - 一般特約店 2,949万kl（59.7%）
    - 特約店直営 2,318万kl（46.9%）
    - 販売店 476万kl（9.6%）
    - その他 156万kl（3.1%）
  - 全農 242万kl（4.9%）
- 非自動車用 13万kl（0.3%）
  - 特約店 8万kl（0.2%）
  - 元売直売 5万kl（0.1%）

出所:資源エネルギー庁（2018年度実績）

石油製品価格体系の変遷

第1次石油危機以降のガソリンの価格形成の変遷を振り返ってみましょう。

●ガソリン独歩高の価格体系

1973年10月、**第一次石油危機**が発生し、原油価格の高騰に対応して、わが国政府は、石油元売各社に対し石油製品卸売価格の凍結を要請しましたが、1974年3月には行政指導（閣議決定）に基づく卸売価格（全油種平均8900円／KL）引き上げを認めました。しかし、家計への影響・産業競争力に配慮した形で引き上げ幅に油種別の傾斜を付け、灯油は据え置き、C重油は7600円／KL、石化ナフサは8000円／KL、ガソリンは17100円／KL引き上げとしました。この価格指導は、その後のガソリン独歩高の製品価格体系の基礎となり、ガソリン販売の過当競争の原因となりました。

●月決め方式と新価格体系

湾岸危機で原油価格が高騰し、行政指導に基づき、1990年9月から、石油元売各社は**月決め仕切り価格改定方式**を導入、ドル建て原油積込（FOB）価格と為替レートの前月対比のコスト変動をそのまま毎月の仕切価格に反映させました。この方式は、基本的には、2008年9月まで続きました。その間、1996年4月の製品輸入自由化に伴い、製品価格体系を国際化するため、ガソリン・軽油・灯油の税抜き価格をほぼ同一とする「新価格体系」に移行しました。

●週決め新価格フォーミュラ

2008年、原油価格の上昇に迅速に対応し、同年10月、前年の公取委の指摘に対応するため、主要元売は同年10月、前年

ワンポイントコラム

【卸価格改定の現状】　現在、毎週の元売会社の卸価格改定は、ほとんどの場合、前週のドル建て原油価格と為替レートの変動だけで決まっており、円建て原油価格と国内石油製品価格と連動性は強まっています。

新たな週単位・油種別・先決めの市況連動方式に移行しました。新たな仕切（卸）価格算定式（フォーミュラ）は「仕切価格＝製油所出荷価格＋輸送費＋ブランド料－インセンティブ」で表されます。これは①卸価格改定の迅速化、②透明性向上（事後調整の廃止）、③卸・小売価格の格差縮小、④需給（市況）の反映を目的とし、出荷価格の指標として、陸上出荷価格や先物価格等が採用されました。しかし、これら指標価格が原油価格回復局面の変動に十分反応しなかったため、石油元売各社は2010年4月以降順次見直し、出荷基準価格に原油輸入価格等コストの要素を盛り込みました。

● 原油コスト重視のフォーミュラ

その後、指標価格については、①原油コスト変動に追随しないこと、②海陸逆転現象（海上バージ渡し価格が陸上トラック価格を上回ること）、③在庫水準の低下に十分反応しないこと、④調査対象の非開示など、信頼性への疑問から主要元売各社は2014年4月以降、原油輸入価格の変動を基本に、内外市況等を総合的に勘案した基準価格となり、現在に至っています。

原油価格とガソリン小売価格の推移

●わが国の原油CIF価格とガソリン小売価格（消費税・ガソリン税・石油石炭税抜き）の推移

単位：円／ℓ

ガソリン小売価格（税抜き）全国平均

原油CIF価格

出所：石油連盟「今日の石油産業」2022年

●卸価格フォーミュラ

仕切（卸）価格
＝製油所出荷価格＋輸送費＋ブランド料－インセンティブ

給油所の役割と現状

給油所（ガソリンスタンド、ＳＳ）の役割と現状、価格決定について、紹介します。

● 給油所の役割

ガソリンや灯油等の石油製品は、消費者にとって生活必需品です。特に、地方の公共交通機関が十分でない地域では、通勤、通学、通院、買い物など、生活全般にわたって自動車に依存せざるを得ません。また、寒冷地においては、熱量が大きい灯油が暖房の主力となっている地域もまだまだ多く、高齢化世帯への灯油の自宅配達は「冬の生命線」ともいわれています。さらに、工事現場の重機や農業用の温室ハウスや農機への給油も重要です。これらの石油製品は必要とする消費者に届いて初めて意味があります。さらに、災害時等には、地域の燃料の供給拠点・備蓄拠点となります。そのような石油製品の消費者への供給拠点となる

● 給油所の現状

給油所（ガソリンスタンド）の社会的な役割は極めて大きく、まさに、「ライフライン」ともいえるでしょう。

しかし、その給油所は、石油産業の規制緩和が本格化する直前の1995年をピークに、減少の一途をたどっています。1995年3月末に6万421軒あった給油所は2022年3月末には2万8475軒まで半減しました。ただ、2017年の業界再編以降は、マージンの回復で減少は鈍化しています。

主力商品であるガソリンの内需はピークの2004年度6148万KLから21年度4451万KLと28％減少、灯油もピークの02年度3062万KLから21年度の1352万KLと56％減少、軽油もピークの

● 価格決定のメカニズム

96年4606万KLから21年3208万KLと30％減少しました。減少の背景として、需要減少を挙げることが多いですが、給油所減少はガソリン需要減少の9年前に始まっています。一般に、わが国の中小企業は、大規模店舗の進出、地方過疎化や後継者難など全国共通の要因で減少していますが、給油所の場合、石油業界特有の制度的要因が大きく影響しています。

現在、小売り石油製品の卸売価格（仕切り価格）は、原油コスト（円建て原油輸入価格）の変動を基本に内外市況等を総合的に勘案して、毎週変更されています。業界再編後は、卸価格の原油コストへの連動性は強まっており、内外市況の影響は弱まっています。

そして、スタンド店頭の小売価格については、基本的に、元売直営店を除いて、特約店や販売店の経営者が、卸価格、自社の販売コスト、周辺店の価格水準等を勘案して決定しています。このため、原油価格が卸価格を通じて小売価格に反映（転嫁）されるには、3週間程度のタイムラグが生じることが普通です。

わが国の給油所数の推移

- 給油所数
- セルフ給油所
- 登録事業者数

1995年3月末　60,421軒

2022年3月末　28,475軒（うちセルフ10,608）

32,642

給油所数

事業者数

13,002

出所：資源エネルギー庁、石油情報センター資料より作成

ワンポイントコラム

【コストマークアップ】　わが国では、石油製品の卸売価格について、石油元売会社は、長年、円建て原油輸入価格に連動したコストマークアップのメーカー主導の価格設定に努力してきましたが、系列外取引価格（業転価格）や先物価格の影響が大きく、2017年の過剰設備廃棄と元売再編まで、実現できませんでした。

給油所減少の背景

7

給油所の閉店や廃業・撤退の直接的な理由は、わが国の中小企業に共通する経営難や後継者難が多いですが、石油業界独特の規制等の制度的要因も大きく影響しています。

● 規制緩和の影響

1996年3月、石油製品の輸入自由化に伴い、石油製品輸入暫定措置法（**特石法**）が廃止、揮発油販売業法（**揮販法**）は揮発油等の品質の確保に関する法律（**品確法**）に改正されました。それ以前は、わが国独特のガソリン独歩高の価格体系の下、ガソリンは、石油精製・元売会社にとって、唯一の採算油種として、収益確保の手段であり、過当競争といわれながらも、ガソリンの安定供給と販売業の振興を目的とする揮販法により、設置が抑制された給油所は一種の既得権、[枠]でした。スクラップアンドビルド原則により給油所新設には同数の廃止が必要であったし（90年3月廃止）、供給元証明制度により原則として元売会社系列の変化に見舞われ、収益は大きく落ち込みました。

の給油所しか認められなかった（97年12月廃止）のです。しかし、内外価格差の解消を旗印とする規制緩和の流れは、石油産業も例外ではなく、ガソリン価格は内外価格差の一つの象徴として[標的]となりました。

そのため、製品輸入自由化によって、価格体系の国際化を図り、ガソリン価格を抑制するとともに、石油製品の輸入・販売の参入自由化が推進されました。次々と、商社や全農（JA）、大手スーパーも、**プライベートブランド（PB）** を掲げ、給油所ビジネスに参入しました。その結果、ガソリン価格は急落し、[規制緩和の優等生]といわれましたが、リッター当たり20円を超えていたガソリンの販売マージンは、10円以下にまで激減しました。揮発油販売業は、急激な事業環境

● 消防法規制の影響

ガソリン（揮発油）は、引火性が高い**第1類危険物**として、**消防法**（危険物規則）で取り扱いが厳格に規制されています。給油所も、危険物施設として厳格な設置基準によって建設され、1997年1月の阪神淡路大震災でもほとんど被害はありませんでした。

1998年4月には、消防法改正で、有人方式による**セルフ給油**が解禁されました。セルフ給油所の建設・改造には多額のコストがかかり、資本力のある大手特約店や元売販売子会社が有利で、量販店志向に拍車がかかり、同時に、ガソリンの小売マージンの圧縮の一因にもなりました。セルフ給油所は、2022年3月末には1万608か所と給油所全体の37・5％を占めています。

また、2013年3月の給油所の地下タンク改修規制は、規制強化が給油所に大きなコスト負担（数百万円規模）を強いることになり、これを機に給油所の閉店が相次ぐことになりました。原則として、設置後40年を超えるタンクについては、地下タンク入替等の漏えい（土壌汚染）防止対策が必要となりました。

将来の給油所のイメージ

「地域のサービス拠点・総合エネルギー拠点」を目指して

LPガス

自動車整備

⑤スタッフルーム
①サービスルーム
④キャノピー
⑧サインポール
SERVICE ROOM
STAFF ROOM
③ピット ⑬洗車機
⑨防火壁
CAR PIT CAR WASH
⑩注油口
⑫犬走り
⑤計量器
⑦アイランド
②フィールド
⑪地下タンク

小規模・分散型の地域エネルギーのハブ

簡易郵便局の併設や利便性がある宅配ボックスを設置

地域の物産販売・宿泊取次等の観光サービスを提供

総合エネルギーで併設された「道の駅」の拠点性能を高める

災害時に頼りになる拠点

リサイクル品等の地域物流一時集積拠点

灯油と共に物品を届ける機能

出所：全国石油商業組合連合会

【給油所の生き残り策】　「将来の給油所のイメージ」の図にあるように、給油所の生き残りに向けては、地域のサービス拠点やエネルギー全般の供給拠点になる等多機能化によって収益を確保したりしていくことが必要不可欠になるでしょう。

SS過疎地

給油所の減少・閉店については、大都市圏では大きな不便は感じられませんが、地方の中山間地域では、生活に支障が出るとして社会問題化しています。

●「SS過疎地」

経済産業省では、給油所が同一市町村内に3か所以下しかない地域を**SS過疎地**と定義していますが、現在、全国で343自治体（前年比11か所増加）に上っています。特に、給油所がない市町村は全国に10自治体、一給油所の市町村は86自治体となっています（数字はいずれも2021年3月末）。

確かに、石油製品は生活必需品であり、安定供給の確保は重要な社会的責務です。しかし、石油産業は、あくまで民間企業であり、採算の合わない事業を続ける必要はありません。しかも、90年代には競争原理を通じて効率的供給を実現し、ガソリン価格を下げるために規制緩和が進められた経緯があります。基本的

に、SS過疎地の問題は社会政策の一環として、行政や住民で対応してもらうしかないと思われます。

天竜川沿いにある長野県天竜村では、2013年3月末の地下タンク改修義務の期限を機に村に一軒の給油所が廃業する予定だったところ、村・地元住民・事業者の協力により、村が提供した敷地に給油所を移築して営業を継続することになりました。天竜村は過疎化の進む村で、村民は通勤や買い物の目的地である近隣の飯田市で給油することが多かったのです。しかし、高齢者世帯への冬場の灯油宅配や農機具への給油の拠点がなくなるということになり、住民はガソリン代は安ければ良いというわけではないことを初めて認識したといいます。宮城県七ヶ浜町では行政が、長野県阿智村では地元住民が、それぞれ出資し給油所を

【ユニバーサルサービス】　一般に、全国均一の提供義務のある、国民生活に必要不可欠な公共的なサービスのことをいい、電気、ガス、水道、通信、郵便など、地域による差のない便益の提供が必要とされる。

維持した例もあります。また、高知県四万十市では、住民によって給油所経営を維持した上で生活必需品全般の販売拠点化を図りました。人件費の軽減のため、隣接地から有資格者が給油時に駆けつけて給油を行う**駆けつけ給油**を認める消防法の運用緩和も行われました。

● 給油所の維持

このように、SS過疎地問題は、関係者の取り組みも本格化しており、国民生活の必需品である石油製品の安定供給拠点としての給油所の役割も、ようやく社会的に認知されてきました。石油業界の本格的な規制緩和開始から20年を経過し、こうした社会問題が顕在化したわけです。携帯電話にはNTTの電話線や公衆電話を維持するためのユニバーサル料金が課金されていたり、電力自由化にあたってもユニバーサルサービス維持のためのコスト負担は配慮されていたりします。公益事業とは異なるとはいえ、ネットワークやエネルギー供給の維持という観点からは変わるところはありません。今後、さらなる制度的な対応が必要でしょう。

給油所維持のための取り組み

●給油所維持のための取り組みの3パターン（先行事例）

**地域のニーズにきめ細かく対応する
総合生活サービス拠点化**

例：大分県杵築市では買い物弱者支援・高齢者安否確認と一体となった灯油配送モデルを構築

**地域参加型でSSを
運営する体制構築**

例：高知県四万十市では100名超の住民が共同出資会社を設立しSSを継続

ビジネスモデルの大胆な見直し

例：長野県天龍村ではSSの設備更新時にSSを地域の中心地に移設

出所:資源エネルギー庁「SS過疎地ハンドブック」より

災害時の石油安定供給

石油製品の安定供給拠点としての給油所の役割は、大規模災害発生時において、平時より一段と重要になります。政府は、石油を災害時にはエネルギー供給の「最後の砦」と位置付けています。

● 東日本大震災の経験

東日本大震災（2011年3月11日発生）では、政府の災害対策本部に供給要請のあった緊急支援物資の約3割は燃料（5041件中の1456件）でした。発生直後には、道路・港湾等の社会インフラが途絶し、製油所・油槽所等の出荷拠点も被災したため、被災地や首都圏の一部地域では、ガソリン・灯油等の供給に支障をきたし、給油所が品切れで休業したり、給油待ちの長い車列ができたりする例が多数見られました。

しかし、同時に、電気や都市ガスのネットワーク型の系統エネルギーの供給が途絶した場合でも、運搬・貯蔵が可能で取り扱いが容易な石油製品・LPガス

は、灯油ストーブのように、分散・独立型エネルギーとして有効であることが再認識されました。真っ暗な避難所で灯油ストーブの赤い炎を囲む被災者が印象に残っています。また、2016年4月の熊本地震や2018年9月の北海道胆振東部地震でもみられたように、自家用車に避難し、寝泊まりする例も多くありました。

エネルギー基本計画（2015年4月）でも、「石油は、災害時にはエネルギー供給の『最後の砦』とされ、「供給網の一層の強靱化を推進する」とされました。

● 災害時の対応

そのため、国内の災害対応体制を整備するために、2012年11月に施行された改正石油備蓄法におい

て、災害時の地域の燃料供給拠点として、緊急車両への優先給油等を行う**災害対応型中核給油所（中核SS）**、また、緊急要請に基づき病院・避難所等の重要施設へのローリーによる小口配送を行う**災害対応型小口燃料配送拠点**を設置することとし、政府は整備を図ってきました。さらに、2016年4月の熊本地震を教訓に、非常用発電装置を有し、災害時にも営業を継続することのできる**住民拠点SS**の制度を創設し2022年8月現在全国に14622か所が認定されています。

また、災害時の円滑な燃料供給を確保するため、各県の石油組合（本部・支部）では、都道府県・市町村と「災害時における石油類燃料の供給に関する協定書」を、災害時の緊急要請が想定される配送先を把握するため、石油連盟では、都道府県・政府地方機関と「災害時の重要施設に係る情報共有に関する覚書」をそれぞれ締結しました。さらに、各県石油組合の災害協定締結を政府としても支援するため、2016年4月には、「災害協定を締結している石油組合及び組合員の官公需受注機会確保に努めること」が基本方針として、閣議決定されました。

住民拠点SS

- ●**内容**：
  熊本地震、北海道胆振東部地震や台風16・19号等の教訓を踏まえ、災害時・停電時の十分な燃料供給体制を確保するため、SS等における自家発電設備の配備を進める。

- ●**整備目標**：
  全国約1万5000か所（現状含め2020年度中）

- ●**現状**：
  1万4622か所（2022年8月現在）

- ●**補助率**：
  全額100％（8年間保有義務）

●自家発電装備

●住民拠点SS（秋田県仙北市）

column

「ガソリン満タン＆プラス灯油一缶」運動

　東日本大震災や熊本地震などでは、給油所に、ガソリンや灯油を買い求める消費者の列ができ、一部地域では品切れの事態も発生しました。災害時には、石油はエネルギー供給の「最後の砦」の役割を果たすことから、石油業界は災害対応力（レジリエンス）を強化すべく様々な取り組みを行っています。

　同時に、需要家側に、災害対応力強化のため、病院や公民館、学校等公共施設や情報通信等の重要施設における平時からの燃料備蓄をお願いしています。

　その延長として、全国石油商業組合連合会（全石連）では、2018年から一般消費者を対象に、各県石油組合や石油連盟、トラック協会等とともに、「ガソリン満タン＆プラス灯油一缶」運動を展開しています。文字通り、ドライバーには常にガソリンの満タンを、石油ストーブユーザーには冬場に灯油一缶の備蓄を心掛けて頂こうという呼びかけです。

　石油会社や給油所では、安定供給を図るため、十分な在庫に心がけていますが、有事の際、買い占めや買い急ぎ（仮需）が発生した場合にはどうしようもありません。3〜4日分の在庫が1日で売り切れてしまっては対応できません。そのための消費者の皆さんへのお願いです。

　第一次石油危機以来の関係者の努力によって、わが国の石油備蓄は、官民合わせて230日分（備蓄法基準）以上になり、海外からの石油供給不足時だけでなく、国内特定地域における災害時等の石油供給不足時にも、活用できるようになりました。そして、国内の安定供給維持のための供給側の強靭化に向けた努力も行われています。そうした中で、災害大国であるわが国の消費者・需要家にも、分担をお願いしたいという趣旨なのでしょう。

第**10**章

石油製品の
用途と品質

第10章では、主要な石油製品、燃料油の消費と性状を紹介
します。

　ガソリン、ナフサ、灯油、ジェット燃料、軽油、重油の消費の
現状や品質・規格について、説明します。

ガソリン

ガソリンは、主に、乗用車（プラグ点火式エンジン）の燃料として使用されていますが、幅広い用途を持っています。近年、燃費の向上・エコカーの増加等により、その消費は減少しています。

●ガソリンの消費

2021年度の国内ガソリン消費は4451万Kしで、燃料油消費の29％を占めます。しかし、自動車燃費の向上や小型車の増加、若者の自動車離れなどで、消費量は減少しつつあり、内需のピーク2004年度に比べて28％減少しています。今後5年間、年率2％程度減少すると見られていますが、電気自動車などの次世代自動車の普及で減少は加速するでしょう。

従来、自動車用燃料は、非代替的で、需要に対する価格弾力性も低く、付加価値の高い製品でしたが、付加価値は減少するでしょう。また、農林用機械の燃料、ヘリコプター・小型飛行機等の航空燃料、別規格の工業用ガソリンとして、工場の機械洗浄、塗料やゴム・

クリーニング等の溶剤などの用途もあります。

●ガソリンの性状

ガス・LPガスに次いで、沸点35～200℃で分留される、炭素数4～10の炭化水素化合物で、密度（比重）は0・73～0・78、熱量は40MJ（約1万1000 kcal／KL）です。引火点は−40℃以下で、常温でも火を近づけると引火します。ガソリン蒸気が滞留している場所では、静電気程度の火種でも爆発する怖れがあり、取り扱いには特に注意が必要です。揮発性が強く、石油類に分類されています。消防法上は第4類危険物第1石油類に分類されています。灯油や軽油との誤用を防止するためオレンジ色に着色されています。なお、ガソリンを携行・保管するためには、専用の金属製の携行

1

172

● 自動車用ガソリンの規格

自動車のエンジン性能を十分に発揮するために、特に重要になる燃料特性は、①アンチノック性、②運転性（蒸留特性・蒸気圧）、③酸化安定性です。

まず、自動車エンジンの燃焼性が安定しており、エンジンが異常振動（ノッキング）しないことが必要です。ノッキングの起こりにくさの指数が**オクタン価**であり、オクタン価96以上がハイオクタンガソリン、89以上がレギュラーガソリンです。かつて、ガソリン販売に占めるハイオクの比率は20％程度でしたが、最近では10％程度に低下しています。次に、自動車のアクセルを踏み込んだとき、ガソリンがエンジン内で空気と混ざり、円滑に燃焼するような適度な揮発性があることが重要で、そのためには、蒸溜性状と蒸気圧が適切であることが重要です。そして、ガソリンの流通・貯蔵時における品質の安定性も重要です。

缶が必要であり、京都アニメーション放火事件（2019年7月）を契機に、給油所における携行缶販売に対しては身元確認等販売手続きの厳格化が図られています。

自動車ガソリン

●品確法に基づく強制規格

現行の規格	規格値
鉛	検出されない
硫黄分	0.001質量%以下
MTBE	7体積%以下
ベンゼン	1体積%以下
灯油混入	4体積%以下
メタノール	検出されない
実在ガム	5mg／100ml以下
色	オレンジ色
酸素分	1.3質量%以下
エタノール	3体積%以下

●JISによる要求品質

自動車ガソリンの要求品質				
	1号（ハイオク）	1号（E）*	2号（レギュラー）	2号（E）*
オクタン価	96.0以上		89.0以上	
硫黄分 質量分率%	0.001以下			
蒸気圧（37.8℃）kPa	44以上78以下**	44以上78以下***	44以上78以下**	44以上78以下***
ベンゼン 体積分率%	1以下			
MTEB 体積分率%	7以下			
エタノール 体積分率%	3以下	10以下	3以下	10以下
酸素分 質量分率%	1.3以下	1.3超え3.7以下	1.3以下	1.3超え3.7以下
色	オレンジ系色			

＊ エタノール3体積分率%を超え1体積分率%以下のガソリン。
＊＊ 寒候期のものの蒸気圧の上限値は93kPaとし、夏季用のものの上限値は65kPaとする。
＊＊＊ エタノールが3%（体積分率）超えで、かつ冬季用のものの蒸気圧の下限値は55kPa、さらにエタノールが3%（体積分率）超えで、かつ外気温が−10℃以下となる地域に適用するものの下限値は60kPaとする。

ワンポイントコラム

【国際競争とエネルギー間競争】　90年代後半の規制緩和で、石油製品輸入が自由化され、ガソリン価格は劇的に安くなりました。国際競争に晒されたわけです。そして、今、電気自動車の実用化で競合エネルギーとの競争に晒されることになります。

石油化学用原料ナフサ

2

ナフサは、ガソリンとほぼ同じ性状ですが、石油化学工場に供給され、プラスチックや化学繊維、合成ゴムなど石油化学製品の原料になります。粗製ガソリンと呼ばれることもあります。

●ナフサの消費

2021年度の国内石油化学原料用ナフサ消費は4166万KLで、燃料油消費の27％を占めます。内需のピーク2006年度に比べて17％減少しています。特長的なことは、石油化学工場の稼働率や石油化学製品の市況に消費量が大きく振れることです。石化工場の定期修理の多い年には、需要が前年比減少することも多いです。

また、消費地精製方式の考え方に基づき、石油製品の国内精製を基本としてきた中で、伝統的に、**ナフサ**は、輸入製品比率が高く、輸入は内需比70％、製品輸入全体の80％を占めています（いずれも21年度実績）。

さらに、石油化学用ナフサには、石油備蓄義務がな

く、石油石炭税も、揮発油税も免税扱いとされています。こうした供給構造と特例扱いは、わが国の戦略産業としての石油化学産業の国際競争力を維持するための産業政策的配慮でしょう。近年、産油国では随伴ガス、米国ではシェールガスを原料とする石油化学工場の立地が増加しており、国際競争力の強化が図られていますが、B・B（ブタジエン・BTX）化学といわれるゴムやタイヤ、ベンゼン・トルエン・キシレン（芳香族）等の石油化学品については、経済的に、重質ナフサを原料とせざるを得ないとみられています。

●ナフサの性状

ガソリンと同様、沸点35〜200℃で分留される、炭素数4〜10の炭化水素化合物で、直留ガソリンの一

【ナフサの輸入自由化】 石油化学産業は、わが国にとっての戦略産業であり、国際競争力を問われてきましたから、その原料である原料用ナフサは、国際的価格水準で供給される必要がありました。そのため、実質的な輸入自由化が最も早かったのです。

部が、石油化学原料用ナフサとして供給されます。通常ガソリンは、蒸留装置から来る直留ガソリン、改質装置から来るオクタン価が高い改質ガソリン、分解装置から来る重質油を軽質化した分解ガソリンをブレンド（調合）して製造されますが、直留ガソリンの多くは、ナフサとして供給されることになります。

● CTC

最近では、ナフサを経ることなく、主な目的生産物を石油製品ではなく、基礎化学品にした製油所、すなわち、原油から直接石油化学製品（エチレン・プロピレン・芳香族等）を製造するCTC*の建設も進んでいます。エクソンモービルのシンガポール製油所では、石化製品得率が70％を実現しています（わが国の製油所の平均得率は約20％）。

こうした世界的な動きは、石油化学の付加価値の高さに加え、近年のエネルギー転換・脱炭素化の動きの中で、石油精製の生き残り戦略として、将来的な需要が期待できる石油化学に参入しておきたいのでしょう。

ナフサから石油化学製品へ

出所：石油化学工業協会

用語解説

＊**CTC**　Crude oil to Chemicalsの略。

灯油

3

灯油暖房は、わが国の北海道・東北・北陸等寒冷地においては、熱量や経済性の点から、まだまだ冬の暖房の主役です。近年では、災害時の暖房としての役割も再評価されています。

● 灯油の消費

2021年の国内の灯油消費は1352万KLで、燃料油消費の9％を占めます。内需のピーク2002年度に比べて56％減と、約20年で半減しています。主な要因は、2000年代の原油価格高騰で灯油価格も上昇する中、オール電化や都市ガスなどへの転換が挙げられますが、地方の人口減少や過疎化も消費減少に拍車をかけています。灯油は、生活必需品ではあるものの、競合エネルギーが存在しており、需要に対する価格弾力性も比較的高くなっています。また、灯油は、圧倒的に暖房用途が大きいため、季節商品としての性格が強いのも特徴です。21年度上期の内需310万KLに対し、同下期は1042万KLと3・4倍の

消費規模となります。気温が、消費量にも価格形成にも大きな影響を与えています。

19世紀後半、灯油は、ランプの照明用燃料として用いられ、灯油と呼ばれるようになりましたが、今日では、灯油ストーブや灯油ファンヒーター、石油給湯器などの暖房用・給湯用燃料を中心に、発電用燃料、工業用の洗浄・溶剤の用途と幅広く利用されています。東日本大震災（2011年3月）以降、地震や台風等の自然災害が多発する中、災害時における石油の役割を踏まえ、「自衛的備蓄」として、灯油一缶余分に購入しておけば、安心でしょう。

● 灯油の性状

ガソリン・ナフサに次いで、沸点145〜270℃

で分留される、炭素数11〜13の炭化水素化合物で、密度（比重）は0・78〜0・80、熱量は36・45MJ（87・18kcal/ℓ）です。引火点は40℃以上で、引火の危険性は少なく取り扱いは容易です。消防法上は第4類危険物第2石油類に分類されています。

石油ストーブのような直接燃焼機器に使用するために、特に必要となる燃料特性は、①完全燃焼するための十分な揮発性、②煙が出ない燃焼性の良さ、③取扱いに安全な程度の引火点の高さ、④刺激臭のないこと、です。通常、石油製品は種々の基材をブレンドして製造されますが、灯油のみは蒸留装置からの直留留分だけで製造されます。

直接燃焼による暖房はわが国独特で、諸外国では、ボイラー等による間接暖房が主流であり、暖房油の性状は重油に近いです。

灯油は、直接燃焼で使用するため品質管理が重要です。光や高温で劣化するおそれがあるので、灯油は赤色の灯油用ポリタンクに密封した上、保管する必要があります。また、長期間の保管は避けるべきで、ワンシーズンで使い切ることが推奨されています。

灯油

●品確法に基づく強制規格

現行の規格	規格値
硫黄分	0.008質量%以下
引火点	40℃以上
色	セーボルト色　＋25以上

三陸鉄道久慈駅待合室の灯油ストーブ
（全国石油商業組合連合会が寄贈）

●JISによる要求品質＊

種類	引火点 ℃	煙り点 mm	硫黄分 質量分率%	色（セーボルト色）
1号	40以上	23以上＊＊	0.008以下＊＊＊	＋25以上

＊　上記表はJIS規格からの一部抜粋。
＊＊　寒候用の煙り点は21mm以上とする。
＊＊＊　燃料電池用の硫黄分は0.0010質量分率%以下とする。

 ワンポイントコラム　【灯油内需の減少】　灯油内需は、2000年代に激減しましたが、やはり、2000年代の原油価格上昇に伴う灯油価格上昇で、オール電化や都市ガス等競合エネルギーへ転換したことが、その原因になっていると考えられます。

ジェット燃料油

ジェット機の燃料であるジェット燃料油は、家庭用の灯油と、ほぼ同じ留分(成分)から作られていますが、その規格と品質は、航空機の安全運航に直結するため、厳格に管理されています。

● ジェット燃料油の消費

2021年度のジェット燃料油の国内消費(国内線用)は331万KLで燃料油消費の2%を占めます。

コロナ禍の影響と機材更新に伴う燃費の改善で、内需のピーク2007年度に比べて44%減少しています。B747からB777への機材更新で、座席・距離当たり燃費は30%以上改善されたといわれます。ジェット燃料油の供給の特徴は、国際線航空機への給油を反映して輸出が多いことです。ジェット燃料油の輸出は497万KLと内需を大きく上回っています。

ジェット燃料油は、タービン(ジェット)エンジンの燃料として、燃料燃焼によってできるガスの膨張を噴出流(推進力)に変えて利用しています。現在、ジェッ

ト燃料油は、灯油型(ケロシン系)と広範囲沸点型(ワイドカット系、灯油留分と揮発油留分をブレンド)の二つのタイプが製造されており、民間航空機用としては灯油系の "Jet A-1" が、軍用機用としては広範囲沸点型の "JP-4" が、主に使用されています。

● ジェット燃料油の性状

当初、英国でジェットエンジンが実用化されたころ、燃料には、通常の灯油が使用されていました。それは、エンジンの構造上、高い揮発性を必要とせず、また、燃焼ガスでタービンを回すことから、ノッキングを考える(高オクタン価の)必要もなかったためです。さらに、航空機は高い高度で飛行するため、低気圧下・低温下で固まりにくいこと(析出点)や、事故時の安全

178

● ジェット燃料の供給

ジェット燃料の供給は、空港の立地・規模などによって、種々のパターンがあります。

成田空港へは、千葉港にタンカーで搬入されたジェット燃料油が千葉港から専用パイプラインで輸送され、空港タンクに蔵置後、空港内に敷設された配管網（ハイドラントシステム）を通じて、各スポットにあるピットから、サービサーといわれる給油車両で、航空機の主翼にある燃料タンクに給油されます。また、各空港タンクには、最低1週間分の燃料が貯蔵されています。

面から、ある程度引火点が高いことも必要であり、そうした性質に灯油が適しており、国際的には灯油の消費・用途も限られていたことも理由に挙げられます。

航空機のエンジントラブルは、重大事故に直結するため、ジェット燃料には、より高い品質が要求されます。①燃焼性の良さ、②発熱量の高さ、③品質安定性、④凍結のしにくさ、⑤電気伝導性の高さ（静電気の起こりにくさ）⑥異物の混入防止、等が必要です。

ジェット燃料

●世界で使用されている主な航空タービン燃料油

	民間機	軍用機
（a）灯油形	JetA-1（低析出点）　JetA	JP-8　JP-5（高引火点）
（b）広範囲沸点形	JetB	JP-4

国内唯一の本格的石油パイプラインである成田空港パイプラインのルート（成田国際空港株リリースより）

サービサー（給油車両）でハイドラントから、翼の燃料タンクに給油する

ワンポイントコラム

【ジェット機の給油】　ジェット機は、離着陸や飛行中の機体を軽くするため、寄港地で給油するのが原則です。しかし、90年代後半の円高期には、国際価格で決まるジェット燃料代に上乗せされる国内諸経費が高いとして、わが国で給油しない近隣諸国の航空会社も出たことがありました。

軽油

トラックやバス、建設用重機などディーゼルエンジンの燃料として利用される軽油。他の油種の国内需要が軒並み減少する中、ほぼ横ばいと、意外に健闘している燃料でもあります。

● 軽油の消費

2021年の国内軽油消費は3207万KLで、燃料油消費の21%を占めます。内需のピーク1996年度に比べて30%減少していますが、この10年で見ると、2・4%減と、コロナ禍からの経済回復の中で健闘しているといえ、経済産業省の需要見通しでも、今後5年間ほぼ横ばいが続くと見られています。一時期の鉄道や船舶等へのモーダルシフトや交錯輸送の排除など、輸送の合理化・効率化は一段落し、近年では、建設業や宅配事業、インバウンド観光の好調を受けて、軽油需要は比較的堅調に推移しています。自動車用以外の工業用や発電用のディーゼルエンジンについては、留分の近いA重油と需要を分け合っています。

● 軽油の性状と規格

灯油に次いで、沸点200～370℃で分留される、炭素数10～26の炭化水素化合物で、密度（比重）

東アジア市場においても、各国の経済成長を支える形で、好調なジェット燃料とともに、供給は不足気味で、価格は高止まりを続けています。国際的にも、2020年からのIMOの船舶燃料規制開始で、低硫黄重油の製造用に軽油留分が大量に使用されたことから、軽油価格は比較的堅調に推移しています。中長期的に見ても、トラックの電動化は、乗用車より将来になると見られることから、軽油やジェット燃料など中間留分の付加価値は、他油種に比べて相対的に高まりつつあると思われます。

【途上国での需要】　一般論として、中国・インドを含め、成長著しい途上国では、軽油・ジェット燃料を含む中間留分の需要が旺盛です。経済成長に伴い、トラック・建設重機、航空機などの消費が拡大するからなのでしょう。

180

は0・83～0・85、熱量は38・7MJ（9095kcal／ℓ）です。引火点は45～110℃以上で、消防法上は第4類危険物第2石油類に分類されています。

直留の軽質軽油は、水素化精製されて硫黄分を取り除き、製品軽油の基材として、重質軽油は、重油のブレンド基材あるいはガソリン増産のための接触分解装置（FCC）の原料となります。

ディーゼルエンジンに使用するために、重要な特性は、①粘度、②着火性、③セタン価、④低硫黄、です。

ディーゼルエンジンでは、燃料を高圧で噴射し霧化するので、粘度は低い方がよいが、あまり低いと燃料ポンプの潤滑性に欠け、摩耗や焼き付けを起こすので、適度な範囲が必要です。燃焼は断熱圧縮によって自然着火しますが、燃料の霧化から燃焼までの着火の遅れが少ないほど円滑な燃焼が期待できます。セタン価が高くなると始動が容易で排気エミッションはよくなるので、40～60程度が必要です。ディーゼルエンジンの低温始動性を確保するために、JISでは低温特性（流動点や目詰まり点）が異なる特1号から特3号まで5種類の規格を設けて、地域や季節に応じて供給します。

軽油

●品確法に基づく強制規格

現行の規格	規格値
セタン指数	45以上
硫黄分	0.001質量%以下
蒸留性状	90%留出温度360℃以下
トリグリセリド	0.01質量%以下
脂肪酸メチルエステル（FAME）	0.1質量%以下

●JISによる品質要求*

	特1号	1号	2号	3号	特3号
密度(15℃) g/cm³	0.86以下				
引火点 ℃	50以上			45以上	
流動点 ℃	5以下	−2.5以下	−7.5以下	−20以下	−30以下
目詰まり点 ℃	−	−1以下	−5以下	−12以下	−19以下
セタン指数**	50以上		45以上		
動粘度(30℃) mm²/s	2.7以上		2.5以上	2.0以上	1.7以上
硫黄分 質量分率%	0.0010以下				
90%留出温度 ℃	360以下		350以下	330以下***	330以下

　＊ 上記表は JIS 規格からの一部抜粋。
　＊＊ セタン指数はセタン価を用いることもできる。
　＊＊＊ 動粘度（30℃）が 47mm2/s の場合には、350℃以下とする。

重油

6

重油は、燃焼用途を中心に幅広く利用されていますが、天然ガスや石炭などへの燃料転換によって、需要は大幅に減少しています。製品としての付加価値は低く、通常、C重油価格は原油価格よりも安いです。

●重油の種類

重油は、蒸留装置や分解装置から得られた残渣油に、軽油留分を調合して生産します。発熱量は高く、産業用燃料や船舶用燃料など幅広く利用されています。重油にはいろいろな種類がありますが、主に、動粘度の違いと硫黄分の違いによって分類されています。まず、動粘度の重いものから、A重油（1種）、B重油（2種）、C重油（3種）に分かれ、次に、硫黄分の少ないものから、A重油は1号と2号に、C重油は1号、2号、3号に分かれます。B重油は、動粘度がA重油とC重油の中間のものですが、現在では特注品でほとんど生産されておらず、統計上もB・C重油で一本化されています。

重油の製造で特徴的なことは、蒸留装置や分解装置の残渣油に、軽油留分などを希釈材（カッター材）として、調合して動粘度を調整します。A重油は残渣油10％程度に軽油留分90％程度のブレンド、逆にC重油は残渣油90％以上に軽油留分を少量調合します。

●重油の性状と品質

重油は、沸点150以上で、密度（比重）は0・82～1・00、熱量は38・90MJ（9980kcal／l）以上です。引火点は60～230℃で、消防法上は第4類危険物第3石油類に分類されます。

燃焼用途の燃料として、取り扱い面から、引火点、動粘度、流動点など、燃焼面からは、発熱量、硫黄分、水分、水泥分、灰分などが、重要な品質管理項目になります。

ワンポイントコラム

【電力用C重油】　第1次石油危機の1973年度には、発電量に占める石油比率は73％ありました。そのため、石油危機の発生で、停電の危機に陥り、電力業界はいち早く脱石油に向け動いたのです。重油のピークからの減少率が大きい最大の理由は、電力用重油の燃料転換によるところが大きいといえます。

●重油の消費

重油は、各種工場のボイラーや炉用の燃料、小・中型ディーゼルエンジン、ディーゼル発電機、農林水産用の燃料として用いられます。2021年度の国内A重油消費は1013万KLで、燃料油の7％を占め、内需のピーク2002年度に比べて66％減少しています。天然ガスへの転換や燃料効率改善による減少でしょう。

C重油は、主に、火力発電所、大型ボイラー、大型船舶の燃料として、使われます。2021年度の国内B・C重油消費は828万KLで、燃料油の5％を占め、内需のピーク1973年度に比べて93％減と激減しています。電力や工場等の燃料転換による減少であると思われます。わが国の発電に占める石油の割合は、1973年度の73％から2019年度の7％に減少しています（原油だき分を含む）。

2020年から、IMO船舶燃料硫黄分規制が始まりましたが、国内では円滑に対応されています。

重油

●品確法に基づく強制規格（船舶用）

現行の規格	規格値
硫黄分	0.5質量％以下
無機酸	検出されない

●IMO船舶燃料硫黄分規制スケジュール

	2012年	2015年	2020年
一般海域	4.50％ → 3.50％		→ 0.50％ →
特定海域	1.00％	→ 0.10％	→

●重油のJIS

種類		反応	引火点 ℃	動粘度（50℃）mm²/{cSt}(2)	流動点 ℃	残留炭素分質量％	水分容量％	灰分質量％	硫黄分質量％
1種	1号	中性	60以上	20以下	5以下	4以下	0.3以下	0.05以下	0.5以下
	2号								2.0以下
2種				50以下	10以下	8以下	0.4以下		3.0以下
3種	1号		70以上	250以下	－	－	0.5以下	0.1以下	3.5以下
	2号			400以下	－	－	0.6以下		
	3号			400を超え1000以下	－	－	2.0以下		

注（1）　1種および2種の寒候用のものの流動点は0℃以下とし、1種の暖候用の流動点は10℃以下とする。
　　（2）　1mm2/s＝1cSt
主な用途：
1種（A重油）：中小型ボイラ、ビル暖房用、漁船等小型船舶ディーゼルエンジン用、ビニールハウス加温用
2種（B重油）：中小工場ボイラ用、窯業炉用
3種（C重油）：電力等大型ボイラ、タンカー・コンテナ船等大型船舶ディーゼルエンジン用、

3つの Reserve、翻訳注意！

　海外の石油関係書籍を翻訳で読んでいるとき、あるいは、国際シンポジウムで同時通訳を聞いているとき、時々、意味が分からなくなることがあります。"Reserve"の訳語です。

　"Reserve"は、多義語で、予約、留保、準備金、在庫、控え選手など多くの意味があります。語感としては、一定の目的のために準備されたものというニュアンスがあるように思います。

　英語の石油関連文献で出てくるときは、複数形で、「埋蔵量」ないし「備蓄（在庫）」の意味で出てくることが多いようです。埋蔵と備蓄では、随分意味が異なりますが、前後の文脈から判断するしかありません。さらに、まれに、原油余剰生産能力の意味で、使われることもあります。いずれも、一定の目的のために準備されたものであることに間違いありません。

　3つの Reserve、意味を使い分けることが重要なのですが、考えてみると、同時に、この3つの Reserve は、サウジアラビアの石油市場における「武器」でもあります。「埋蔵量」は、非在来型石油を含めて世界2位、在来型石油だけなら世界1位で、石油市場への影響力を持っています。2020年3月6日のOPECプラスの合同会合の協議が決裂した際に、サウジは、4月から1230万BDの供給を行うと発表しましたが、それを可能にするのは、2億バレルとも3億バレルともいわれる豊富な原油の「備蓄量」であり、コストがかかるにも関わらず保有している約260万BDの「原油余剰生産能力」です。これらは、石油需給ひっ迫時には、代替生産能力として、市場安定に貢献してきました。第2次石油危機時や湾岸危機時には、消費国はサウジの生産余力に助けられました。しかし、同時に、需給緩和の中で増産すれば、価格の意図的引き下げが可能になります。

　過去、1988年には、OPEC加盟国の違反増産（チーティング）が横行する中、意図的に増産し、10ドル割れの価格暴落を引き起こすことで、OPEC加盟国の結束と規律を回復させたこともありました。脱炭素の動きを前に、当面、増産による原油価格の意図的引き下げは考えにくいところですが、引き続きサウジは原油生産能力の1300万BDへの増強（＋100万BD）に取り組んでいます（2022年時点）。

第**11**章

石油関連の
法規制と税金

　石油をめぐる法律は、消防法などの社会的規制、独占禁止法などの経済的規制など多岐にわたります。ここではその中から、石油政策に関わる法律を4本を取り上げます。

　また、石油に独特の税制、3種類について、説明します。

　さらに、最近話題の政策関連事項である炭素価格、燃料油価格激変緩和補助金についてもここで説明します。

石油備蓄法

万が一の供給不足に備えた石油備蓄。近年では、備蓄の活用が、海外からの供給不足時だけでなく、国内の災害時にも広がっています。また、度重なる規制緩和の中で、石油備蓄法は、石油業界の枠組みを形づくる最も重要な法律となりました。

● 民間備蓄と国家備蓄

1975年12月制定当初の石油備蓄法（昭和50年法律96号）は、第一次石油危機を教訓として、「わが国への石油の供給が不足する事態が生じた場合に、石油の安定的な供給を確保」することを目的に、石油会社（石油輸入・精製・販売事業者）に石油備蓄を義務付けるものでした。当初の民間備蓄目標は90日備蓄で、段階的に積み増しが行われ、91年度初に達成されました。

また、78年度からは、石油公団（現JOGMEC）による国家石油備蓄も開始され、全国10か所に国家石油備蓄基地が建設されました。

当初、国家備蓄は、予算措置として実施されましたが、95年4月に国の事業と

して備蓄法に明記され、89年2月には3000万KL、98年2月には5000万KLの目標量を達成しています。国家備蓄の拡充を背景に、民間備蓄日数は93年度から70日に軽減されました。

● 規制緩和に伴う改正

1996年3月末、「特定石油製品輸入暫定措置法（特石法）」が廃止され、4月から石油製品の輸入が自由化されました。これに先立ち、95年4月備蓄法が改正され、①備蓄義務者の拡大、②備蓄量算定期間の直近12か月への変更、③原油備蓄の制限（供給製品備蓄を基本）などが行われました。

さらに、2001年末の石油業法の廃止により、需

ワンポイントコラム

【備蓄法改正の経緯】 旧石油業法は、1962年に施行、消費地精製方式を前提に、供給計画に基づく設備許可等の需給調整、販売標準額の設定など規制色の強い法律でした。そのため、規制緩和の流れの中で2001年に廃止されましたが、2011年の東日本大震災では、石油業界を包括的に規制する法律がなく、被災地への石油供給等は行政指導ベースで行われました。備蓄法の改正はその反省に基づくものです。

186

●東日本大震災に伴う改正

東日本大震災（2011年3月11日）の発生に伴う被災地や一部地域における石油供給の中断などを背景に、石油供給量を増加させるため、民間備蓄義務の日数軽減が行われました。こうした教訓や災害時における石油の役割の重要性を踏まえて、12年11月の改正では、目的規定に、従来の「わが国への石油の供給の不足」に加えて、新たに「災害による国内特定地域における石油の供給の不足」への対応を追加するとともに、①石油元売会社の「災害時石油供給連携計画」の提出、②緊急車両等へ給油するための「中核SS」、③定期的訓練の実施等の規定が追加されました。

給調整、事業規制、設備許可等の規定が廃止されたことから、石油備蓄のために必要な、石油輸入事業者の登録、精製設備や輸入の届出を含む、石油事業者に係わる手続き事項等が追加され、石油備蓄法は、石油業界をめぐる最も基本的な法律となりました。このとき、法律の正式名称は、現在の「石油の備蓄の確保等に関する法律」に改正されました。

第11章｜石油関連の法規制と税金

石油産業に係わる規制緩和

1962年7月		石油業法制定。原油輸入自由化に対応、石油産業の基本法
1976年4月		石油備蓄法制定
1977年5月		揮発油販売法制定
1986年1月		特定石油製品輸入暫定措置法制定　ガソリン、灯油、軽油の輸入促進
1987年7月	第一次規制緩和	二次精製設備許可の弾力化
1989年3月		ガソリン生産枠（PQ）の廃止
1989年10月		灯油の在庫指導の廃止
1990年3月		SS建設指導と転籍ルールの廃止
1991年9月		一次精製設備許可の弾力化
1992年3月		原油処理枠指導の廃止
1993年3月		重油関税割当制度の廃止
1996年3月		特石法廃止（石油製品の輸入自由化）
1996年4月	第二次規制緩和	品質確保法への改正（揮販法の全面改正）
1996年4月		石油備蓄法の改正
1997年7月		石油製品輸出承認制度の実質自由化
1997年12月		SS供給元証明制度の廃止
1998年4月		有人給油方式のセルフSS解禁
2001年12月		石油業法の廃止（需給調整規制の廃止）
2002年1月		改正石油備蓄法（石油の備蓄確保等に関する法律）の施行

出所：石油情報センター

品質確保法

ガソリン（揮発油）や灯油などの石油製品は、国民生活に必要不可欠であり、その適正な品質の確保は、国民生活の安心・安全に直結しています。そのための法律を見てみましょう。

● 旧揮発油販売業法

品質確保法（品確法）の正式名称は「揮発油等の品質の確保等に関する法律」ですが、1976年11月25日の公布（昭和51年法律第88号）時点では、**揮発油販売業法（揮販法）**として、揮発油販売業の健全な発達と揮発油の品質確保を目的に、①揮発油販売業の登録制、②給油所設置制限が可能となる指定地区制度、③廉売に対する勧告、などを含む規制的色彩の強い法律でした。

● 品確法への大改正

しかし、1990年代の規制緩和、内外価格差解消の動きの中で、見直しが必要とされるとともに、石油輸入暫定措置法（特石法）廃止による石油製品の

輸入自由化（96年4月）に伴う品質確保措置を強化するために、95年4月揮販法は大改正が行われ、名称も現行のとおりとなりました。目的規定から、「揮発油販売業の健全な発達」は削除され、「国民生活と関連性が高い石油製品である揮発油、軽油および灯油について適正な品質のものを安定的に供給するため、その販売等について必要な措置を講ずることにより、もって消費者の利益に資する」こととされたのです。

具体的には、揮発油販売業の登録制は維持されましたが、指定区域・廉売勧告等の事業規制に関する規定は廃止され、安全性や環境適合性の観点から、揮発油・軽油・灯油の品質規格（強制規格）が定められるとともに、不適合製品の販売禁止、生産・輸入業者の品質確認義務、揮発油販売事業者の登録義務・品質確認義

務等が規定されました。また、強制規格に性能面の項目も加えて標準的な品質を示すSQマークの制度も導入されました。さらに、この改正により、元売系列以外の給油所である商社系や流通系のPB（プライベートブランド）、無印の給油所も正式に認められました。

● その後の品質規格改正

品確法への改正時に、強制規格は、揮発油8項目、軽油・灯油各4項目でしたが、その後、規制緩和に伴う諸問題の発生や環境規制強化の動きの中で、規格値が強化されるとともに、規格項目も、揮発油10項目、軽油5項目、灯油3項目となりました。例えば、高濃度アルコールによるエンジン発火事故等の対策として、2003年8月には揮発油の含酸素・エタノール規制が導入、また、大気汚染対策として、07年4月からは揮発油・軽油の硫黄含有率が10ppmに強化されるなどです。さらに、09年2月には、国際海事機関（IMO）での船舶燃料の硫黄分含有規制（3・5%）を契機に、船舶用重油についても強制規格が規定され、20年1月からさらに強化されました（0・5%）。

第11章 石油関連の法規制と税金

品質確保法に基づく揮発油販売業者の義務

本社登録事項
・氏名または名称および住所
・法人にあっては代表者の氏名
・法人の業務担当役員

表示の義務（法第17条）
・登録内容
・揮発油品質維持計画認定を受けている場合は、その旨の表示

スタンドの増設・廃止の登録（法第8条第1項）

SS登録事項
・給油所の名称
・給油所の所在地
・揮発油タンクの容量
・揮発油の計量器数

変更の登録（法第8条第1項）

変更の届出（法第8条第3項）

規格違反燃料の販売禁止（法第13条）

ガソリンは分析義務として、次のいずれかにより実施する必要があります。
①10日に1回（通常）
②1年に1回
（揮発油品質維持計画の認定※）

品質管理者の選任・解任（法第14条）

分析の実施（法第16条）

※元売ー中間業者ー販売業者が連帯保証によって、品質に変更がなく（認定申請ルート以外から購入しない）販売をする場合、揮発油品質維持計画の認定を取得することが可能です。

品質管理者の職務（法第15条関係）
・揮発油の分析実施および帳簿記載について監督
・標準揮発油（SQマーク）に関する表示について監督
・揮発油品質維持計画の作成および実施について監督

出所：全国石油商業組合連合会

ワンポイントコラム

【事業法と業法】　旧石油業法は、事業規制を中心とする「事業法」であったのに対し、旧揮発油販売業法は、安定供給のための事業規制とともに、「業」の発展・振興を目的とする「業法」でした。

エネルギー供給構造高度化法

3

エネルギー供給構造高度化法は、石油精製業では過剰精製設備廃棄の根拠となりましたが、再生可能エネルギー導入の根拠にもなるなど幅広い役割を果たしています。

●法律の目的

エネルギー高度化法とも呼ばれますが、正式名称は、「エネルギー供給事業者による非化石エネルギー源の利用及び化石エネルギー原料の有効利用の促進に関する法律」です。この法律は、文字どおり、電気やガス・石油等のエネルギー供給事業者が、太陽光や風力、バイオ等の再生可能エネルギーや原子力などの非化石エネルギー源の利用と化石エネルギー原料の有効活用を促進することを目的としており、そのために必要な措置を規定しています。

具体的には、経済産業大臣が「基本方針」（規則）を策定、事業者が取り組むべき事項について、ガイドラインとなる「判断基準」（告示）を定めています。これら

ものでした。しかし、一次エネルギーに占める石油の

を受けて、一定規模以上の事業者は、取り組むべき事項に関する「計画」を作成、提出します。事業者の取り組みの状況が、判断基準に照らして著しく不十分な場合には、大臣から勧告や命令が行われ、罰則もあります。

●エネルギー政策の転換

この法律は、2009年7月8日公布（平成21年法律第72号）されましたが、同時に同法によって、「石油代替エネルギーの開発及び導入に関する法律」【石油代替エネルギー法・代エネ法】が廃止されました。代エネ法は、70年代の石油危機を教訓として、エネルギーにおける石油依存度の低下、すなわち「脱石油政策」を目的として、石油代替エネルギーの開発と導入を推進する

● 石油事業者の取り組み

エネルギー高度化法の石油供給事業者の取り組みについて、基本方針は、非化石エネルギーの利用としては、**バイオエタノール燃料**の利用促進、また、化石エネルギーの有効活用としては、原油の有効活用を定めます。前者は、ガソリンに年間70万トン（年間消費量の1％相当）以上のバイオエタノール燃料の混合が、後者は、原油の有効活用のための一定の高度化設備の装備率（一次・二次告示）、あるいは一定の高度化設備の通油量（三次告示）が義務づけられました。

後者については、装備率規制によって、結果的に、過剰精製設備の廃棄が行われ、2009年度から16年度末の間に、精製能力は約30％縮減されました。

シェアが半分40％を割り、地球温暖化対策の推進・化石燃料の有限性の認識を背景に、高度化法制定により、エネルギー政策における対立軸は、石油対石油代替エネルギーから、化石エネルギー対非化石エネルギーに転換されたと評価されました。石油業界にとっては脱石油政策からの脱却を意味する法律でもありました。

高度化法と精製能力の削減（第2次告示まで）

●エネルギー供給構造高度化法の概要

法律の目的	石油精製会社の取り組み
①非化石エネルギーの利用促進	バイオ燃料の利用：2017年度50万KL
②化石エネルギー原料の有効利用	重質油分解装置の装備率向上 （原油の重質化・需要の軽質化に対応）

●装備率目標➡装備率向上のためには常圧蒸留能力削減が必要

目標の告示時期	装備率の計算式と全国平均の目標値	達成期限
第1次：2010年7月	重質分解能力÷常圧蒸留能力>15%	2014年3月末
第2次：2014年7月	残油分解能力÷常圧蒸留能力>45%	2017年3月末

●精製能力削減の現状

	2009年3月末	➡	2014年3月末	➡	2017年3月末
蒸留能力	489万BD	2割減	395万BD	1割減	352万BD
製油所数	29か所		26か所		22か所

【エクソンモービルの撤退】　エクソンモービルは、高度化法の運用による設備廃棄の事実上の強制を不服として、経済産業省に対する行政訴訟の提起を検討したといわれていますが、結局、2012年にはわが国から撤退することとなりました。

エネルギー政策基本法

4

エネルギー政策基本法は、エネルギー別の事業法やエネルギー政策遂行のための個別法の上位法として、エネルギー政策の方向性を示すために、議員立法されました。

● エネルギー政策の方向性

エネルギー基本法は、2002年6月14日公布（平成14年法律第71号）されたもので、エネルギー政策の基本理念として、「安定供給の確保」、「環境への適合」、およびこれらを十分考慮した上での「市場原理の活用」の三点が示されています。そして、安定供給の確保については、エネルギー供給源の多様化、自給率の向上、エネルギー安全保障の確保が言及されるとともに、他エネルギーへの代替・貯蔵が著しく困難なエネルギーについては特にその信頼性・安定性の確保が必要であるとされています。また、同法には、国・地方自治体・事業者の責務や国民の努力、国際協力の推進、知識の普及等についても規定されています。なお、「代

替・貯蔵が著しく困難なエネルギー」とは、電力を指すものと考えられており、特に配慮を求めています。

ただ、同法は、エネルギー政策の3Eを基本としていますが、安全の確保（S＋）は当然の前提とされていること、東日本大震災以降、問題となっている国内供給体制の維持に対する配慮は十分ではないことから、見直しが必要とする声も上がっています。

● エネルギー基本計画

さらに、同法は、政府に、エネルギー政策を長期的・総合的・計画的に推進するために、エネルギー需給等に関する基本的な計画「エネルギー基本計画」の策定と3年ごとの見直しを求めています。現行の「第6次エネルギー基本計画」（2021年10月21日、閣議

決定）は、2050年カーボンニュートラル実現に向けた政策課題と2030年のエネルギー見通し（2021年5月、経済産業省）実現のための政策対応を提示しています。同計画の策定にあたっては、原子力発電所の稼働再開と再生可能エネルギーの導入促進の検討が焦点となりました。

● パリ協定NDC

「2030年のエネルギー見通しとは、2050年カーボンニュートラル実現に向けた通過点として、わが国のパリ協定に基づく国別削減目標NDC（Nationally Determined Contribution）である「2030年の温室効果ガスの2013年比46％削減」の実現を前提とする一次エネルギー供給見通しで、石油31％、石炭19％、天然ガス18％、原子力9～10％、再生可能エネルギー22～23％、水素・アンモニア等1％のエネルギーミックスのことをいいます。確かに、ウクライナ戦争を通じて、エネルギー安全保障の重要性が再認識されましたが、同時に、カーボンニュートラル実現に向けたエネルギー政策が求められています。

エネルギー政策の基本原則（S＋3E）

S+3E

Safety 安全性

安定供給
Energy Security（自給率）
東日本大震災前（約20％）をさらに上回る30％程度を2030年度に見込む（2019年度12.1％）

経済効率性
Economic Efficiency（電力コスト）
2013年度の9.7兆円を下回る
2030年度8.6～8.8兆円を見込む

環境適合
Environment（温室効果ガス排出量）
2050年カーボンニュートラルと整合的で野心的な削減目標である2030年度に2013年度比▲46％※を見込む
※非エネルギー起源CO2等を含む温室効果ガス全体での削減目標

注：第6次エネルギー基本計画に基づく数値目標
出所：資源エネルギー庁HP

ワンポイントコラム

【閣法と議員立法】　わが国では、法律は衆参両院の可決で成立しますが、法案の提出には、内閣提出の「閣法」と議員の発案・提出による「議員立法」の二つの方式があります。石油関連の法律の多くは閣法ですが、エネルギー政策基本法と旧揮発油販売業法は、議員立法でした。

エネルギー基本計画

エネルギー基本計画は、エネルギー政策基本法に基づき、エネルギー政策の中長期の基本方針を示したものです。石油の政策的位置づけ、方向性を見てみましょう。

● 第6次エネルギー基本計画

現行の計画は、2021年10月に閣議決定された[第6次エネルギー基本計画]です。第6次計画は、前年の菅総理の2050年カーボンニュートラル宣言を受けて、2050年の実質排出ゼロ実現とその中間目標である2030年排出46％削減（2013年比）実現を前提としたエネルギー政策の道筋を示しています。エネルギー基本計画は、3年程度で見直すものとされており、経済産業省の総合エネルギー調査会における審議を経て、閣議決定されています。

前回の第5次計画では、2050年80％削減・2050年26％削減が前提とされていましたが、カーボンニュートラル実現に向けて排出削減が強化された形

となっています。策定に当たっては、電源構成における再生可能エネルギーと原子力の取り扱いが議論の焦点となった感がありましたが、石油政策についても、詳細に分析を行い、その方向性が示されています。

● 2030年の石油産業

2030年のエネルギー見通しにおいても、石油（LPGを含む）は、一次エネルギー供給の31％と、依然としてトップシェアを占める見通しとなっています。そのため、引き続き、石油は、①一次エネルギーの4割程度を占め、幅広い燃料用途と素材用途で重要な役割、②可搬性が高く、全国供給網も整い、備蓄も豊富、災害時にはエネルギー供給の「最後の砦」の役割、③調達に係わる地政学的リスクは最も大きいが、

●2050年に向けての課題と対応

平時・緊急時のエネルギー供給に貢献、引き続き、国民生活・経済活動に不可欠、と位置付けられます。石油産業に対しては、①強靭な石油供給体制を維持・強化するため、供給源の多角化・産油国協力、備蓄等の危機管理の強化、国内製油所やSSの維持、②災害時に備えた供給網の一層の強靭化、さらに、③CCUS（CO_2回収利用貯留）や合成燃料等の脱炭素技術の確立、等に取り組むべきであるとされています。

2050年カーボンニュートラル実現に向けては、産業界・消費者・政府など国民各層が総力を挙げた取り組みが必要とされ、現在の石油消費については、脱炭素化された電力による電化（EV等）、電化が難しい部門（熱利用等）は水素や合成燃料等のイノベーション、さらに、水素・CCUSの社会実装などが必要とされています。

石油業界も、こうしたエネルギー構造の大転換のもとで、事業転換や革新的技術開発への取り組みの一層の強化が求められています。

第11章　石油関連の法規制と税金

一次エネルギー供給と電源構成

	一次エネルギー供給			電源構成（発電電力量）		
	1973	2019	2030	1973	2019	2030
水素・アンモニア等	—	—	1	—	—	1
再生可能エネルギー	5	12	22-23	17	18	36-38
原子力	1	3	9-10	3	6	20-22
天然ガス	2	22	18	2	37	20
石炭	15	25	19	5	32	19
石油	77	37	31	73	7	2

単位：%
出所：資源エネルギー統計・エネルギー基本計画より作成

【エネルギーミックス】　エネルギーを論じるとき、「エネルギーミックス」という言葉がよく使われます。エネルギー需要を満たすための各エネルギー供給の割合・組み合わせといった意味であり、通常は一次エネルギー供給のことをいいますが、広い意味では、電力における発電量の燃料別の割合（電源構成）のことを指すこともあります。

ガソリン税

6

ガソリン税は、53・8円／L相当と石油製品に対する重税の象徴となっています。ガソリン税の正式名称は、「揮発油税」と「地方揮発油税」で、両税を合わせた通称です。

● ガソリン税の沿革

揮発油税は、戦後の財政不足に対応するため、一般財源として1949年に創設、1954年度からは道路整備臨時措置法に基づき、道路を緊急かつ計画的に整備するために道路特定財源とされました。**特定財源**とは、税収を特定の公的サービスの財源に充てることとされている消費課税（税目）をいいます。道路使用という特定の公的サービスから受益する消費者がそのコストを負担するという意味（受益者負担）で一定の合理性はあるものの、財政支出の硬直化を招くとの批判がありました。また、「税とは、政府が公的サービスの財源を調達するために、個別的反対給付なくして、国民から徴収する財貨・サービスをいう」と定義

され、対価性がないのが原則です。そのため、2009年度から、ガソリン税は使途を特定しない**一般財源**に変更されました。また、ガソリン税は使途を特定しない一般財源に変更されました。また、**地方揮発油税**は、1955年度に地方の道路整備に資するために**地方道路税**として創設され、税収全額が地方の道路整備財源に譲与される国税でしたが、2009年度からは地方の一般財源に譲与される「地方揮発油税」に変更されました。

さらに、1974年度には、第一次石油危機後の財源不足と石油需要抑制のため、租税特別措置法に基づき、揮発油税法に定める本則税率を上回る**暫定税率**が課税されるようになりました。

● ガソリン税の特長

ガソリン税の税収は、2兆3025億円（2022

ワンポイントコラム

【当分の間税率】　2009年度以前は「暫定税率」でしたが、長年「暫定」が続くのはおかしいとのことで、「当分の間」と言い換えられました。しかし、租税特別措置法の暫定税率は5年間とされており、5年に一度その存続・延長の見直しがありました。当分の間税率となり、その見直しはなくなりました。

196

年度予算)に上り、国と地方の総税収の2・0%を占め、個別間接税として、ガソリンは最大の担税物資となっています。従来、ガソリンは、燃料としての代替性が限定されており、自動車利用というガソリンのもたらす便益の大きさから、消費に対する価格弾力性は極めて低く、重税をかけても税収が減らないという、担税力が大きい物資でした。また、ガソリン税は、石油会社等の納税義務者から出荷時点で課税され、徴税は効率的でコストも低いことも担税物資として適しています。しかし、今後、電気自動車等が普及すると、こうしたガソリン課税の前提が失われ、税収の大きな減少を招きます。GPSを利用した走行距離課税など、将来の課税のあり方を考える必要があります。

ガソリン税には、**タックス・オン・タックス**の批判もあります。消費税10%が、ガソリン本体部分だけでなく、ガソリン税部分にも課税されます。税制の原則からは、ガソリン税は出荷時点で課税されるため、消費者が給油所店頭での購入段階では、本体価格に含まれており、全体に消費税が課税されるのは当然で、欧米でも同様だと、国税庁は説明しています。

第11章　石油関連の法規制と税金

石油諸税の多重多段階課税（2022年度）

（注）1. 軽油引取税と航空機燃料税にはTAX on TAX（平課）はない。消費税収は石油連盟試算値
2. 石油石炭税は原油、輸入石油製品のほか、石炭、ガス状炭化水素（国産天然ガス、輸入LNG、輸入LPG等）が課税対象（掲載は原油および輸入石油製品の税率）。税収には、石炭およびガス状炭化水素への課税分と、地球温暖化対策のための課税の特例による引き上げ分が含まれる
3. 2006年4月より原油関税（170円／kl）は撤廃され、石油製品関税のみとなった。関税収入額は、2020年度輸入実績に基づく石油連盟試算値
4. ガソリン税には、沖縄県に対する税率の軽減措置がある。航空機燃料税には、沖縄路線および特定離島路線に対する軽減措置がある。
5. 四捨五入の関係により合計が一致しない場合がある

出所：石油連盟「今日の石油産業 2022」

軽油引取税

トラックやバス等の燃料に課税している軽油引取税は、地方税（都道府県税）で、ガソリン税とは取り扱いが大きく異なります。

● 軽油引取税の沿革

１９５６年、地方税法に基づき、地方道路整備の緊急性およびガソリン車とディーゼル車の負担の均衡等に考慮し、都道府県と指定市の道路に関する費用に充てるため、都道府県の目的税として創設されましたが、ガソリン税と同様の批判を受け、２００９年度に地方揮発油税とともに地方の一般財源とされています。また、１９７６年度からは、地方税法附則に基づき、本則税率を上回る当分の間税率が適用されています。

● 軽油引取税の特長

軽油引取税の税率は32・1円／L相当（特例税率）と、トラックやバス等の運輸事業者の負担に配慮して、ガソリン税の53・8円／L相当に比して軽いです。同レベルの車両で、ディーゼル車は、ガソリン車に比し約2割程度燃費がよいといわれます。

通常、軽油引取税は、石油会社等の**軽油元売業者**あるいは都道府県知事が指定した特約店等の**軽油特約業者**から、軽油を引き取った段階で、課税されます。

例えば、軽油元売業者あるいは軽油特約業者から消費者が購入する場合には、業者が納税義務者である消費者から徴収し、都道府県に納付します（特別徴収）。したがって、軽油引取税は、給油所での販売時点では、軽油の本体価格に含まれておらず、消費税と同時ではあるが別個に課税されることになるので、ガソリン税のようなタックス・オン・タックスは発生しません。また、元売業者や特約業者でない販売店（第三者）の給

7

第11章　石油関連の法規制と税金

油所であっても、消費者への軽油販売は、元売業者や特約業者の委託販売の形式を取ることで、タックス・オン・タックスを回避し、公平性を確保しています。

●脱税の防止

ガソリン同様、軽油についても、税額が高いことから、脱税のインセンティブは大きく、脱税防止対策を講じるとともに、路上検査などを通じ脱税軽油の撲滅に取り組んでいます。

例えば、重油や灯油のブレンドによる**不正軽油**を防止するために、重油や灯油のような周辺油種には混入を判別するための識別剤の添加を行政指導しています。こうした努力に加え、2007年のサルファーフリー化や2011年の脱税への罰則強化もあって、最近では、脱税軽油の摘発は減少しているようです。

なお、軽油引取税の免税は、事業者と用途が特定されているものの、道路財源であった経緯を反映し、自動車用以外については、石油化学原料、潤滑油原料、インク溶剤、船舶用、鉄道用、農林用など、幅広く認められており、知事から免税票が発行されます。

租税収入に占める石油諸税の割合

■租税収入に占める石油諸税の割合（2022年度予算）

- 所得税 18.5%
- 住民税 13.5%
- 固定資産税 8.5%
- その他 15.8%
- 法人税 13.4%
- 消費税等 24.5%
- 車体課税 2.4%
- 石油諸税計 **3.5%**
- 自動車税
- 軽自動車税
- 自動車重量税

租税総収入（国税＋地方税）112兆3,456億円

石油諸税：
ガソリン税／軽油引取税／石油製品関税／石油石炭税／石油ガス税／航空機燃料税

（注）1. 石油製品関税収入は2020年度輸入実績に基づく石油連盟試算値
2. 四捨五入の関係により合計が一致しない場合がある
3. 所得税には復興特別所得税を含む。法人税には地方法人税、特別法人事業税を含む

■ガソリン税・軽油引取税の税率

		基本税率（本則税率）	税率の特例
ガソリン税	揮発油税	24,300円/KL	48,600円/KL
	地方揮発油税	4,400円/KL	5,200円/KL
	計	28,700円/KL	53,800円/KL
軽油引取税		15,000円/KL	32,100円/KL

（注）沖縄県は税率の軽減措置があるため、46,800円/KL
（揮発油税42,277円/KL＋地方揮発油税4,523円/KL）。
ただし、別途、沖縄県石油価格調整税（県税）1,500円/KLが課されている

出所：石油連盟「今日の石油産業2022」

【軽油引取税の脱税】　法律の整備や取り締まりの強化、関係者の努力により、最近では少なくましたが、軽油引取税の脱税が撲滅されません。背景には、灯油と重油をブレンドしたような粗悪な品質の燃料でも、ディーゼルエンジンが動くという特性があるように思われます。

石油石炭税

石油石炭税はユニークな税金です。現在も、特別会計法に基づいて、エネルギー安全保障や地球温暖化対策のために使われています。租税特別措置法の当分の間の上乗せ税率部分は、わが国初の炭素税（環境税）です。

●石油石炭税の沿革

第一次石油危機への反省から、1978年、石油備蓄等の石油対策に係わる財政需要に配慮して、石油消費に負担を求めるため**石油税**として創設、当初、使途は備蓄等の石油対策だけでした。その後、1984年、課税対象にLPGとLNGを追加、税収使途を代エネ・省エネ対策にも広げ、さらに、2003年には、課税対象に石炭を追加し、名称を**石油石炭税**に変更するとともに、地球温暖化対策やエネルギー安全保障の拡充の観点から、税率や使途を見直しました。その際、エネルギー特別会計についても、経済産業省と環境省で共管化しました。当初、石油税は従価税（3.5%）

で登場しましたが、原油価格下落を背景に、1988年、従量税（2040円／KL）に変更されています。

●石油石炭税の特長

石油石炭税は、原油や石油製品の輸入時に課税されることから、産油国等から「第二の関税」であるなどの批判もありました。しかし、厳密には、保税地域からの引き取り時だけでなく、国産原油や国産天然ガスの採取場からの移出時にも課税されることから、あくまでも内国消費税です。

また、欧州各国では、備蓄コストをカバーするための財源は、税ではなく、「課徴金」の形式で確保している例が多いです。

● 地球温暖化対策税

民主党政権下の2012年10月から、地球温暖化対策の強化のため、石油石炭税に、地球温暖化排出量に基づく当分の間税率上乗せ部分が、「地球温暖化対策のための課税の特例」(地球温暖化対策税・温対税)として、租税特別措置法で措置されました。わが国最初の**炭素税**で、排出CO_2トン当たり289円相当の課税で、石油の場合KL当たり760円が2016年4月まで段階的に増税されました。

この地球温暖化対策税は、CO_2の排出削減と温暖化対策財源の確保を目的としているものの、灯油や重油は競合エネルギーがあることから、ある程度の排出削減効果は期待できるかもしれませんが、現時点では、ガソリンや軽油は競合エネルギーが極めて限定的であることから燃料転換による排出削減効果はほとんど期待できません。したがって、排出量取引を含めて、**カーボンプライス(炭素価格)**の有効性は、石油製品の場合、極めて疑問であると言わざるを得ません。

石油関係諸税の概要

	税目	課税物件	税率	税収	備考
国税	揮発油税	揮発油	48,600円/KL (24,300円/KL)	20,790億円	国の一般財源
	地方 揮発油税	揮発油	5,200円/KK (4,400円/KL)	2,225億円 (2,225億円)	地方の一般財源として全額譲与
	石油ガス税	自動車用 石油ガス	17.5円/KG (17.5円/KG)	100億円 (50億円)	税収の1/2は地方の一般財源として譲与
	石油石炭税	原油、石油製品、天然ガス、石油ガス、石炭等	原油、石油製品 2,800円KL/KL (2,040円/KL)	6,600億円	燃料安定供給対策及びエネルギー供給構造高度化対策財源
	航空機 燃料税	航空機燃料	13,000円/KL (26,000円/KL)	492億円 (152億円)	空港整備財源及び地方区高対策費税収の4/13は地方の空港対策財源として譲与
地方税 都道府県税	軽油引取税	軽油	32,100円/KL (15,000円/KL)	9,307億円	地方の一般財源但し、一部を指定都市に交付

注：税率は当分の間税率ないし特例税率（石油ガス税を除く）、カッコ内は本則税率、
　　税収は令和4年度予算額、カッコ内は地方譲与分
出所：政府税制調査会資料より著者作成

ワンポイントコラム

【温暖化対策税の税率】 温暖化対策税の税率（炭素価格）の税率は、CO_2トン当たり295円換算と、欧州各国の100ユーロ近い炭素税水準に比べ低すぎるとの批判が欧米や環境団体から出ています。

炭素価格（カーボンプライス）

9

CO₂排出削減の経済的手法として、炭素税や排出権取引等の炭素価格付け（カーボンプライシング）が注目されています。その意味や効果、課題などを考えます。

● 外部不経済の内部化

炭素価格付けとは、CO₂排出量に応じたコストを価格に上乗せすることによって、CO₂排出という外部不経済を内部化することで、排出を削減しようという考え方です。そのうち、あらかじめ炭素価格を設定するものが炭素税（Carbon Tax）、あらかじめ許容排出量を設定するものが**排出権取引**（Emission Trading）です。

● 炭素税

欧州各国を中心に1990年代初頭から、従来のエネルギー税に加えて、石油会社等の化石燃料の供給事業者に、その排出量に応じた税金を課す例が増えてきました。その効果としては、①CO₂の削減効果、②

温暖化対策等の財源効果、③アナウンスメント効果が期待できるといわれています。確かに、財源効果やアナウンス効果は期待できますが、より低炭素の代替技術や代替燃料がない場合は削減効果が期待できず、供給事業者への罰金（ペナルティ）にしかなりません。場合によっては、代替技術開発の投資原資を奪うことになりかねません。

また、伝統的な租税学者からは、①課税による経済主体の行動変容（より低炭素のものの選択）の強制は税の中立性の原則に反する、②政策目標（排出削減）の達成によって税収が減少・消滅するものは税とはいえないといった批判もあります。そのため、英国では租税としてではなく、**気候変動課徴金**（Climate Change Levy）として徴収されていますし、日本の温

11-9　炭素価格(カーボンプライス)

暖化対策税も租税特別措置法の「当分の間」の暫定措置として徴税されています。その意味で、政府のGX(Green Transformation) 実行会議が、化石燃料輸入者等に2028年度から課徴金を徴収すると決めたこと(2022年12月)は、合理的かもしれません。

●排出権取引

環境税では、確実な削減量を期待できないのに対し、排出権取引では、各排出主体に対する排出許容量の割当によって、確実な削減量を確保できます。一定期間における排出許容量と実際の排出量の差を排出権として、排出主体間で有償取引(排出超過主体は排出削減主体から排出権を購入) することで、排出削減にインセンティブを付けるものです。欧州共同体(EU) では、2005年から**欧州排出量取引制度 (EC-ETS)** を実施しており、その取引価格 (炭素価格、EUA) は、長年低迷していましたが、脱炭素の取り組みの本格化で、2018年以降上昇し、ウクライナ侵攻直後には一時80ユーロ (CO$_2$トン当たり) を超えました。

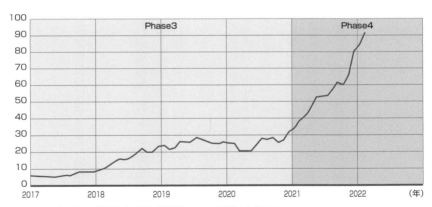

欧州排出権取引価格（EUAの推移）

注：2017年1月〜2022年2月、縦軸はユーロ、CO2トン当たり
　　欧州排出権価格 (炭素価格) は2005年以来10ユーロ未満で低迷していたが、パリ協定を経て脱炭素の取り組みが本格化した2018年以降急上昇している。
出所：欧州中央銀行（ECB）

ワンポイントコラム

【将来の炭素価格】　あるメジャー幹部から、炭素価格がCCSコスト等価になることを希望するという発言を聞いたことがあります。将来も化石燃料消費が残るとすれば、現時点ではその主要な吸収手段であるCCSのコストが一つの炭素価格水準の目安になるのかもしれません。

第11章　石油関連の法規制と税金

燃料油価格激変緩和補助金

10

2022年の国内石油製品小売価格は、補助金の効果で、ウクライナ侵攻に伴う原油価格高騰と円安にも関わらず、安定的に推移しました。

●補助金の概要・効果

従来、ガソリン等の国内石油製品小売価格は、毎週の元売会社の卸価格の改定を通して、ドル建ての指標原油価格と為替レートに連動していましたが、2022年は、経済対策の一環として、1月27日から支給が開始された**燃料油価格激変緩和補助金**によって、輸入原油価格と小売価格の連動は切断され、ウクライナ侵攻に伴う原油価格上昇と急激な円安の進行にも関わらず、高水準ながら安定的に推移しました。

同補助金は、ガソリン・灯油・軽油・重油・航空燃料を対象に、輸入原油価格の上昇分を元売会社等に卸価格抑制のための原資として支給することで、小売価格の抑制を図るものでした。経済産業省は、毎週、原

油価格・為替の変動等に基づいて支給額を調整しました。輸入原油価格が上がると補助金は増額、逆に下がると減額されました。そのため、2022年のガソリン小売価格は、3月には一時175円の08年8月以来の高値を記録しましたが、補助金の拡充により、その後は、年末まで170円前後の水準で推移しています。

なお、輸入原油価格から見て、補助金がなければ、200円を超えていたものと考えられます。また、補助金額は、6月第2週に41・4円でしたが、その後の原油価格軟化・円安修正に伴い、12月第3週には13・7円に減額されました。さらに、補助金は、ガソリンだけでなく軽油・灯油・重油・航空燃料にも支給されたので、運輸事業者、農林水産業や灯油ストーブ利用家庭等の負担軽減に役立ちました。22年末時点で、

補助金は、23年初以降の段階的縮減を経て、23年9月末の終了が予定されています。

●トリガー条項

補助金導入が検討された2021年秋、**トリガー条項**復活が要望されました。「トリガー条項」とは、ガソリン小売価格が3か月連続で170円を上回った場合、当分の間税率上乗せ分（25・1円相当）が免税されるという租税特別措置法の規定で、現在、東日本大震災復興財源臨時措置法で適用が停止されています。

この条項を復活させ、ガソリン税を軽減してほしいとの要望です。そのためには、国会での法律改正が必要です。軽油引取税（17・1円相当）にも、同様の規定があります。

確かにトリガー条項復活で免税になれば、一時的にガソリンは安くなりますが、その後の輸入原油価格上昇には効果がありません。また、税率変更の前後の混乱も懸念されています。

原油輸入価格と国内小売価格（月間平均）

（円/ℓ）

凡例：ガソリン　軽油　灯油　原油CIF

グラフ内ラベル：ガソリン、軽油、灯油、原油CIF

2022年、ウクライナ侵攻・円安に伴う原油価格高騰でも、補助金効果で国内石油製品小売価格は安定
出所：財務省・資源エネルギー庁資料より筆者作成

ワンポイントコラム

【税率変更前後の混乱】　2008年4月に暫定税率の期限切れで、1か月間だけ本則税率に戻り、トリガー価格適用と同様の状況となりました。その際には、減税直前には買い控えが、増税直前には買い急ぎが生じる、ガソリン税の課税ポイントの違いからガソリンスタンドが負担をかぶる、などの混乱がありました。

産油国の資源レントと消費国の燃料課税

　サウジアラビアの原油生産コストは2.8ドル/B(社債募集目論見書)に過ぎません。おそらく、湾岸産油国の生産コストも10ドル/B以内でしょう。それが、出荷段階では数十ドル/Bで売れ、その間の差額は、ほとんどが、ロイヤリティ、所得税、配当等の形で、産油国政府に帰属します。

　若い頃は、この莫大なレント、不労所得の発生に、経済的正義に照らして、何か割り切れないものを感じたものでした。しかし、消費国における莫大な燃料課税を見たとき、産油国政府も、消費国政府も、石油が消費者や需要家にもたらす大きな石油の便益に着目して、石油の有する付加価値を分け合っていることに気が付きました。石油が液体で輸送や貯蔵、取り扱いが容易、スケールメリットを発揮できることで供給コストが安いことに対して、高熱量で、非代替的な用途も多く、その消費における便益が大きいことで、巨額の資源のレントと燃料税収が成立するのです。ちなみに、わが国のガソリンにかかっているガソリン税(揮発油税・地方揮発油税)、石油石炭税、消費税の税金総額は約70円/L、バレルに換算すると約100ドル/Bに達しています。

　従来、ガソリンは、輸送用燃料として非代替的であり、価格弾力性は極めて低く(価格が上がっても消費が減らないこと)、税率を引き上げても、税収が減らないという担税力のある物資でした。税制が経済活動を歪めてはならないとする税制の中立性の原則からも、個別間接税をかける場合は価格弾力性に反比例した税率を採用すべきだとする考え方(ラムゼイルール)もありました。すなわち、ガソリンは、高額課税しても、消費が減らないから、税金が高いのです。

　しかし、最近では、電気自動車の導入拡大で、ガソリン自動車の非代替性は、徐々になくなりつつあります。石油連盟や全石連は、負担の公平性の観点から問題にしていますが、今後、国の社会保障負担やインフラ更新投資などが増大しつつある中、燃料消費が減少して行くガソリンを中心とする燃料課税のあり方は、抜本的な見直しが必要な時期になりつつあると思われます。

　また、従来、ガソリンは、税をかけても消費が減らないのですから、炭素価格(カーボンプライス)は無意味でしたが、今後、炭素価格が意味を持ってくるのでしょう。

Data

資料編

How-nual
図解入門
業界研究

わが国の主な石油会社と石油関連団体

【石油精製会社】

鹿島石油株式会社
〒 100-8162　東京都千代田区大手町 1-1-2
TEL：03-6257-7157
設立：1967 年 10 月 30 日
資本金：200 億円
従業員数：未公表
URL：http://www.kashima-oil.co.jp

コスモ石油株式会社
〒 105-8528　東京都港区芝浦 1-1-1
TEL：0570-783-280
設立：1986 年 4 月 1 日
資本金：1 億円
従業員数：1,481 名（2022 年 3 月 31 日）
URL：https://coc.cosmo-oil.co.jp
＊持ち株会社としてのコスモエネルギーホールディングス㈱あり

昭和四日市石油株式会社
〒 510-0816　三重県四日市市塩浜町 1
TEL：059-347-5511
設立：1957 年 11 月 1 日
資本金：40 億円
従業員数：583 名（2022 年 4 月 1 日）
URL：https://syskk.co.jp

西部石油株式会社
〒 101-0053　東京都千代田区神田美土代町 7
TEL：03-3295-2600
設立：1962 年 6 月 25 日
資本金：80 億円
従業員数：435 名（2022 年 4 月 1 日）
URL：https://www.seibuoil.co.jp

東亜石油株式会社
〒 210-0866　神奈川県川崎市川崎区水江町 3-1
TEL：044-280-0600
設立：1924 年 2 月 6 日
資本金：84 億円
従業員数：437 名（単体）、511 名（連結：2022 年 3 月 31 日）
URL：https://www.toaoil.co.jp

【石油元売会社】

出光興産株式会社
〒 100-8321　東京都千代田区大手町 1-2-1
TEL：0120-132-015
設立：1911 年 6 月 20 日
資本金：1683 億円
従業員数：14,044 名（2021 年 3 月 31 日）
URL：https://www.idemitsu.com/jp

キグナス石油株式会社
〒 100-0004　東京都千代田区大手町 2-3-2
TEL：03-5204-1600
設立：1972 年 2 月 1 日
資本金：20 億円
従業員数：78 名（2022 年 3 月 31 日）
URL：http://kygnus.jp

コスモ石油マーケティング株式会社
〒 105-8314　東京都港区芝浦 1-1-1
TEL：0570-783-280
設立：2015 年 2 月 6 日
資本金：10 億円
従業員数：245 名（2022 年 3 月 31 日）
URL：https://com.cosmo-oil.co.jp
＊持ち株会社としてのコスモエネルギーホールディングス株式会社あり

ENEOS 株式会社
〒 100-8162　東京都千代田区大手町 1-1-2
TEL：0120-56-8704
設立：1888 年 5 月 10 日
資本金：300 億円
従業員数：9,103 名（2022 年 4 月 1 日）
URL：https://www.eneos.co.jp
＊持ち株会社としてのENEOSホールディングス㈱あり
＊ 2020年6月 JXTG ホールディングスから社名変更

太陽石油株式会社
〒 100-0011　東京都千代田区内幸町 2-2-3
TEL：03-3502-1601
設立：1941 年 2 月 27 日
資本金：4 億円
従業員数：750 名（2022 年 4 月 1 日）
URL：http://www.taiyooil.net

【燃料商社等】

伊藤忠エネクス株式会社
〒100-6028　東京都千代田区霞が関3-2-5　霞が関ビルディング
TEL：03-4233-8000
設立：1961年1月28日
資本金：198億7,767万円
従業員数：5,641名（2022年3月31日）
URL：https://www.itcenex.com/ja/

株式会社宇佐美鉱油
〒450-0002　愛知県津島市埋田町1-8
TEL：052-586-1166
設立：1950年
資本金：1,000万円
従業員数：2,856名（連結：2021年3月31日）
URL：https://usami-net.com

カメイ株式会社
〒980-8583　仙台市青葉区国分町3-1-18
TEL：022-264-6111
設立：1932年12月29日
資本金：81億3,200万円
従業員数：2,092名（単体）、5,579名
（連結：2022年3月31日）
URL：https://www.kamei.co.jp/index.html

株式会社新出光
〒812-0036　福岡市博多区上呉服町1番10号
TEL：092-291-4134
設立：1926年3月13日
資本金：1億円
従業員数：371名（単体）、1,588名（連結：2022年3月31日）
URL：https://www.idex.co.jp/

三愛オブリ株式会社
〒100-8154　東京都千代田区大手町2-3-2　大手町プレイス イーストタワー10階
TEL：03-6880-3100
設立　1952年6月9日
資本金：101億2715万円
従業員数：487名（2022年4月1日）
URL：http://www.san-ai-obbli.com

富士石油株式会社
〒140-0002　東京都品川区東品川2-5-8
TEL：03-5462-7761
設立：2003年1月31日
資本金：245億円
従業員数：490名（単体）、700名（連結：2022年9月末）
URL：http://www.foc.co.jp/ja/index.html

【石油開発会社】

株式会社INPEX
〒107-6332　東京都港区赤坂5-3-1　赤坂Bizタワー
TEL：03-5572-0200
設立：2006年4月3日
資本金：2,908億983万5,000円
従業員数：3,189名（連結：2021年3月31日）
URL：https://www.inpex.co.jp

石油資源開発株式会社（JAPEX）
〒100-0005　東京都千代田区丸の内1-7-12　サピアタワー
TEL:03-6268-7000
設立：1970年4月1日
資本金：142億8,869万4,000円
従業員数：965名（単体）、1,634名（連結：2022年3月31日）
URL：https://www.japex.co.jp

三井石油開発株式会社
〒100-0004　東京都千代田区大手町1-2-1
Otemachi One 三井物産ビル14階
TEL：03-5208-5717
設立：1969年7月19日
資本金：331億3,340万円
従業員数：140名（2022年3月31日）
URL：https://www.moeco.com/index.html

三菱商事天然ガス開発株式会社
〒100-0005　東京都千代田区丸ノ内2-3-1　三菱商事ビル
TEL：03-3210-4096
設立：2001年1月
資本金：1億円
従業員数：66名（2021年3月）
URL：http://www.mitsubishi-exploration.com

一般財団法人石油エネルギー技術センター
〒105-0001　東京都港区芝公園 2-11-1
TEL：03-5402-8500
URL：http://www.pecj.or.jp

一般社団法人全国石油協会
〒100-0014　東京都千代田区永田町 2-17-14
TEL：03-5251-2201
URL：http://www.sekiyu.or.jp/index.html

一般財団法人日本エネルギー経済研究所石油情報センター
〒104-8581　東京都中央区勝どき 1-13-1
TEL:03-3534-7411
URL：https://oil-info.ieej.or.jp

公益社団法人石油学会
〒101-0041　東京都千代田区神田須田町 1-8-4
TEL：03-6206-4301
URL：https://www.sekiyu-gakkai.or.jp

【事業者団体】
石油鉱業連盟
〒100-0004　東京都千代田区大手町 1-3-2
TEL：03-3214-1701
URL：http://sekkoren.jp

石油連盟
〒100-0004　東京都千代田区大手町 1-3-2
TEL：03-5218-2305
URL：https://www.paj.gr.jp

全国石油商業組合連合会（全石連）
〒100-0014　東京都千代田区永田町 2-17-14
TEL：03-3593-5811
URL：http://www.zensekiren.or.jp

全農エネルギー株式会社
〒101-0064　東京都千代田区神田猿楽町 1-5-18
TEL：03-3293-1241
設立：1926 年 3 月 13 日
資本金：1 億円
従業員数：257 名（単体）（2022 年 3 月 31 日）
URL：https://zennoh-energy.co.jp

大東通商
〒162-0066　東京都新宿区市谷台町 6-3　市谷大東ビル
TEL：03-5919-6100
設立：1947 年 8 月 28 日
資本金：20 億円
従業員数：598 名（2021 年 3 月期）
URL：http://www.daitohnet.co.jp

三菱商事エネルギー株式会社
〒100-0004　東京都千代田区大手町 1-1-3 大手センタービル 12 階
TEL：03-4362-4200
設立：2015 年 10 月 1 日
資本金：20 億円
従業員数：約 300 名（2020 年 3 月 31 日）
URL：http://www.mc-ene.com/

丸紅エネルギー株式会社
〒102-8441　東京都千代田区富士見 1-8-19 住友不動産千代田富士見ビル 11・12 階
TEL：03-6261-8800
設立：1976 年 6 月 22 日
資本金：23 億 5,000 万円
従業員数：182 名（2022 年 4 月 1 日）
URL：http://www.marubeni-energy.co.jp

【所管官庁】
経済産業省資源エネルギー庁
〒100-8931　東京都千代田区霞が関 1-3-1
TEL：03-3501-1511
URL：https://www.enecho.meti.go.jp

【関係機関】
独立行政法人エネルギー・金属鉱物資源機構
〒105-0001　東京都港区虎ノ門 2-10-1
TEL：03-6758-8000
URL：http://www.jogmec.go.jp/index.html

資料編　わが国の主な石油会社と石油関連団体

索 引
INDEX

資料編｜索引

211

資料編 索引

214

資料編 索引

MEMO

●著者紹介

橋爪　吉博（はしづめ　よしひろ）

一般財団法人
日本エネルギー経済研究所
石油情報センター　事務局長

【略歴】
1958年　三重県津市生まれ
1982年　中央大学法学部法律学科卒　石油連盟事務局入局
1988年〜1991年
　　　　　外務省出向（在サウジアラビア大使館二等書記官・石油担当）
　　　　　現地にて、湾岸危機・湾岸戦争を経験
1991年　石油連盟復帰
　　　　　総務部、流通課長、企画課長、広報室長、技術環境安全部長等を歴任
　　　　　広報室長時、東日本大震災を経験、マスコミ・消費者対応に当たる
2016年　石油情報センター出向、2019年4月より現職

【所属学会】
　石油学会
　エネルギー環境教育学会

【その他】
　NPO法人国際環境経済研究所編集委員

図解入門業界研究
最新石油業界の
動向とカラクリがよ〜くわかる本【第3版】

| 発行日 | 2023年 2月20日 | 第1版第1刷 |

著　者　橋爪　吉博

発行者　斉藤　和邦
発行所　株式会社　秀和システム
　　　　〒135-0016
　　　　東京都江東区東陽2-4-2　新宮ビル2F
　　　　Tel 03-6264-3105（販売）Fax 03-6264-3094
印刷所　三松堂印刷株式会社　　　　　Printed in Japan

ISBN978-4-7980-6832-9 C0033